Paulo Mendes da Rocha
Museu Nacional dos Coches

Photography
João Carmo Simões

Texts
Gonçalo M. Tavares
Ana Vaz Milheiro

MUSEU NACIONAL DOS COCHES
MUSEU

BILHETEIRA

AUDITO
AUDITORIUM

Fotografias: João Carmo Simões

Salvar pela luz – Sobre o Museu dos Coches / Gonçalo M. Tavares
Terra Estrangeira / Ana Vaz Milheiro

Saved by light – On the Coach Museum / Gonçalo M. Tavares
Terra Estrangeira (Foreign Land) / Ana Vaz Milheiro

Saved by light – On the Coach Museum

A museum is an architectural surface that has been raised above the ground against the rising waters; and that could well be the definition of Museum in a general dictionary of the vast world of things. That's what a Museum is, always, whatever type it may be. Even if it is as low as something that crawls. It is always a Noah's ark braced against the great deluge or the middling, half-domestic inundations. The Museum rescues, not animals, but works of art or objects – worldly things that deserve to be lit because they have, in themselves, a huge potential to receive light – beauty is a luminous receptivity, a kind of optical receptivity (objects that receive light, enjoy light, eat light); optical reception even for those, or for that, which has no eyes.

And this flood can be of liquid as expected, or of rapidly passing time. The Museum is, in a nutshell, a Noah's Barge that does not move. A boat that is wrong at its basis, a boat with foundations. A Noah's House, in fact.

In this case, the symbolism, the psychology of the museum is clear: it is a recipient for survivors, a recipient that rescues and saves – and that is plain to see in Paulo Mendes da Rocha's building. This building, then, rises above the waters or above what the waters can rise to when they get angry. And that's it: a way to save is to rise, as we all knew. And the building's long legs just go to prove it.

The museum saves objects from time and its waters – in this case coaches – and it is interesting to see this building as a boat specialised in saving what remains of the organic and mortal effort of many, many horses, of many, many generations. We cannot always save horse and man, but instead of lamenting it, let's save what we can.

A Noah's Barge, the museum, which rescues and preserves what can be saved (never save life, just what is around life. But that's already a lot, your Excellency, that's already a lot!). So we have saved, at least, what was possible: the coaches.

The Auditorium
If we want to go into the building through the auditorium, we are faced with the abrupt experience of the design speed. This is not about, mind you, as it is never about the speed of the hand – that's not important. Whether the architect designs quickly or not has no effect here, on the person, let's say, using the design. What matters is the speed of the design itself. And that is here, such a powerful smack right in the stunned face of even the most habituated inhabitant of designs. It's that entering the building by the auditorium is not really entering (cross out the verb *enter* from the possible acts in this space. What verbs does each space have, there's a proper question. What verbs does a space allow or inhibit?). On the one flank, so to speak, this is a building without an entrance or intro-duction, much less a preface. You don't enter the building, you're already

Salvar pela luz – Sobre o Museu dos Coches

O Museu é uma superfície arquitectónica que foi elevada do solo para resistir às águas e tal poderia ser a definição de Museu num dicionário geral do vasto mundo das coisas. O Museu, de facto, é isso, sempre, qualquer que ele seja. Mesmo que seja raso como aquilo que rasteja. É sempre uma arca de Noé que resiste ao grande dilúvio ou às inundações medianas e meio domésticas. O Museu resgata, não animais, mas obras de arte ou objectos – coisas do mundo que merecem ser iluminadas porque já têm, por elas mesmas, uma enorme potência para receber luz – a beleza é uma receptividade luminosa, uma espécie de receptividade óptica (objectos que recebem a luz, gostam de luz, comem a luz); recepção óptica mesmo para aqueles, ou para aquilo, que não tem olhos.

E a inundação, essa, pode, então, ser de água bem líquida como convém, ou de tempo bem acelerado. O Museu é, em suma, isso: uma barca de Noé que não se mexe. Uma barca errada na base, uma barca com fundações. Uma casa de Noé, portanto.

Neste caso é claro o simbolismo, a psicologia do museu: é um recipiente para sobreviventes, recipiente que resgata e salva – e tal está ali, bem evidente, no edifício de Paulo Mendes da Rocha. Este edifício sobe então acima das águas ou acima do que podem subir as águas quando se zangarem. E é isto: uma forma de salvar é fazer subir, já se sabe. E as pernas longas do edifício ali estão para o comprovar.

O museu salva do tempo e das suas águas, objectos – neste caso coches – e é interessante ver este edifício como um barco especializado em salvar o que resta do esforço orgânico e mortal de muitos e muitos cavalos, de muitas e muitas gerações. Não podemos salvar para sempre o cavalo, nem o homem, mas, em vez de nos lamentarmos por isso, salvemos o possível.

Uma barca de Noé, o museu, que salva e conserva o que pode ser salvo (nunca salvas a vida, apenas o que está em redor da vida. Mas isso já é muito, excelência, já é muito!). Salvámos, assim, pelo menos o possível: os coches.

O Auditório

Se quisermos entrar no edifício pelo Auditório estaremos diante da súbita experiência da velocidade do desenho. Não se trata aqui, note-se, como não se trata nunca, da velocidade da mão – isso não é importante. Se o arquitecto desenha ou não rápido tal não chega aqui, ao utilizador do desenho, digamos assim. O que importa é a velocidade do próprio desenho. E ela aqui está, potentíssima a bater em cheio no rosto atordoado até do habitual habitante de desenhos. É que entrando no edifício pelo auditório não se entra propriamente (risque-se o verbo *entrar* nos actos possíveis neste espaço. Que verbos tem cada espaço, eis uma questão relevante. Que verbos um espaço permite ou inibe?). Por aquele flanco, digamos assim, este é um edifício sem entrada ou introdução, muito me-

inside. There is no limbo or border. Before we left the outside we had already entered.

One of the biggest surprises about this building might be this: absolutely enormous park benches, in the green of good taste, elongated park benches (like laid out giraffes who've had their necks stretched even further), park benches for twenty people or more to sit on. There they are in the auditorium, which becomes an indoor-outdoor auditorium. Located exactly on the outside of the inside or the inner centre of the outer. As if, after all, a certain landscape furniture wasn't enough to create that feeling of doubt you get in a giant enclosed structure (if you're in a closed booth in the open air, in front of the Himalayas, are you inside or outside?).

Am I inside or outside? This is what we ask ourselves, having just entered (fallen into?) the auditorium (and it might have really been a fall: falling is not intentional, entering is. We have fallen into the auditorium. The verb *to fall* is there, already, in the design).

In fact, there have clearly been great previous movements, there has been a lot of work and effort made to close and, therefore, we can say: with a ceiling and several walls, we're inside something, we are in; but at the same time those benches, that floor that seems to prolong the ground outside, all this brings us to that state of doubt that, I suspect, will always pursue the inhabitant of the auditorium of this coach museum: am I outside or inside? And that fascinating and terrible doubt is there. Am I outside or inside? Am I in the auditorium or still in Belém, on the pavement?

The shock at the entrance is similar to what we would feel if, on entering an enormous, never-ending cave and having gone down many metres, we suddenly came across a pristine park bench. A comfortable cave, a cave with a park bench: that's the auditorium.

Doors and windows

Inside the building, suddenly and also gradually (a strange but sensible expression – to inhabit is to get the habit, suddenly or slowly) – sometimes like turtles: getting used to the space in such a way that the house now belongs to the body and there are no longer two things, but one: body-house – for then we get used to it, in there, to that new geometrical shape that seems to want to take the place of the old squares, triangles, rectangles and circumferences. The shape of the doors, that is the same as that of the windows.

Doors, then, that remind us of the series *Space 1999*. As if we've entered a spaceship, in some building from the future. And if so, we went in there to see from the front, right in front, the old one. If you want to see the old one from the right point of view, take the itinerary of the future, someone seems to be saying (perhaps the architect). And we, obedient, go.

It's interesting, this: the doors seem, by their shape, to be like the windows.

A pane of glass in front shows that it's a window (and not a passageway) and, behind, some suits hung up in an improvised cloakroom prove it. But the doors, of course, are and always have been moveable windows, circumstantial windows, changing windows, windows that,

nos prefácio. Não se entra no edifício, já se está lá dentro. Não há limbo nem fronteira. Antes de sairmos do exterior já entrámos.

Talvez uma das maiores surpresas deste edifício seja, então, esta: enormíssimos bancos de jardim, verdes como é de bom-tom, bancos de jardim alongados (girafas deitadas a quem puxaram ainda mais pelo pescoço), bancos de jardim para vinte pessoas se sentarem, ou mais, ali estão, pois, no auditório, que passa a ser um auditório interior-exterior. Localizado, exactamente, no exterior do interior ou no centro interior do exterior. Como se bastasse, afinal, um certo mobiliário de paisagem para fazer hesitar a sensação que se tem dentro de uma gigantesca estrutura fechada (se estiveres numa cabine fechada ao ar livre, em frente aos Himalaias, estás dentro ou fora?).

Estou dentro ou estou fora? Questiona-se, pois, quem acabou de entrar (cair?) no auditório (talvez seja, sim, uma queda: cair não é intencional, entrar sim. Caímos no auditório. O verbo *cair* está lá; e estava já lá, a montante, no desenho).

De facto, há grandes movimentos prévios que são evidentes, há muito trabalho e esforço feitos para fechar e, portanto, dizemos: com tecto e várias paredes, estamos no interior de algo, estamos dentro; mas ao mesmo tempo aqueles bancos, aquele chão que parece prolongar o chão exterior, tudo isto nos remete para esse estado de hesitação que sempre, desconfio, perseguirá o habitante deste auditório do museu dos coches: estou fora ou dentro? E que hesitação fascinante e terrível, esta. Estou fora ou dentro? Estou dentro do auditório ou estou ainda em Belém, na calçada?

O choque na entrada é semelhante àquele que sentiríamos se, ao entrarmos numa longa e enormíssima caverna, depois de descermos muitos metros, subitamente deparássemos com um novo e limpíssimo banco de jardim. Uma caverna confortável, uma caverna com banco de jardim; eis o auditório.

Portas e montras

Dentro do edifício, de repente e também aos poucos (expressão estranha mas sensata – habitar é habituar-se, subitamente ou devagar) – por vezes, como as tartarugas: habituamo-nos ao espaço de tal forma que a casa passa a pertencer ao corpo e já não há duas coisas, mas uma: corpo-casa – pois então habituamo-nos, lá dentro, àquela nova forma geométrica que parece querer ocupar o lugar dos velhos quadrados, triângulos, rectângulos e circunferências. A forma das portas, que é igual à das montras.

Portas, então, que lembram a série *Espaço 1999*. Como se entrássemos numa nave espacial, num edifício do futuro. E se sim, entramos aí para ver de frente, bem de frente, o antigo. Se queres ver o antigo do ponto de vista certo vai pelo itinerário do futuro, parece estar a dizer alguém (talvez o arquitecto). E nós, obedientes, vamos.

É interessante, então, isto: as portas serem, na sua forma, iguais às montras.

Um vidro à frente mostra que é montra (e não passagem) e, lá atrás, alguns fatos colocados em bengaleiro ajustado, comprovam-no. Mas

at times, show a whole lot of nothing – no-one's coming or going – some-times they show children, whole families, old man-young man, lady with a cane, lady with hat and reddish knitted jacket and even lady speaking in the loudest of voices. At other times, they show hippie couple who seem to be ready to inaugurate a most excellent bonfire there in the building's central nave, well this is it: every crowded door is a window, and of the best; in front of a still and definite window we may stay for, at most, a few minutes, or in contrast; in front of a humanly mortal window but *variably variable* – as are this building's doors-windows – we can remain in the museum habitat – if we would like to observe the human race – for a long, long time.

Every door is, therefore, a window and Paulo Mendes da Rocha shows us that, proving it by them having the same shape, forcing the visi-tor to look with the same attention at these two distinct elements.

The door also has the advantage, let's say, compared to the window of having exactly the same size and shape, of installing expectation in the museum: who's coming? And from this, we quickly conclude that every museum is two: one when it's empty and another, completely distinct, when it's inhabited by humans. There will certainly be some who com-plain behind the backs of the noisy humans about being right in front of that magnificent coach. Yes, but for me, I'd complain, yes, always about the absence of backs, legs etc. in a museum. A museum is not just for seeing things exhibited, a museum is also for seeing people seeing things exhibited. Let's think about the energy museum exhibits have: half of that exciting energy belongs to the exhibit itself – whether it is a coach, all crafted into a hundred thousand curves, or a painting – while the other half is given by the people present at the Museum, by their movements, by their attention. From these movements, this attention, this tension of the beholder, a remnant of excitement remains thus giving half, at least half, of the benign energy of a sensible museum.

To put it briefly, every window dreams of being turned into a door, that's very clear; the daydreams of concrete parts of the building are, in this case, in plain sight. If you behave badly, you'll be transformed into a window; if you behave well, you'll be – in another incarnation, another project – a door. Salvation or punishment.

Points of view
And at times, this: suddenly, a great view of the river, of Belém, of the trees, of a statue that we've only just discovered but has existed for decades and decades in the middle of the gardens of Belém. Raising the ground is this: put simply: it's raising your eyes. That's the most impor-tant thing and that's what Paulo Mendes da Rocha does.

Ears, to some extent, are therefore not elevated. We don't hear things high up that we don't hear down below, at river level (it would be interesting if some orifice allowed us to hear birds that only sing up above; and, yes, that would also elevate our ears). But here's the point: the whole body rises as a mere pretext or because it is impossible to make part of the body rise, healthily, without the whole body attached.

as portas, claro está, são e sempre foram, montras móveis, montras cir-
cunstanciais, montras mutantes, montras que, por vezes, mostram nada
e coisa nenhuma – não está ninguém a entrar ou sair – outras vezes mostram crianças, famílias inteiras, homem velho-homem novo, senhora com
bengala, senhora com chapéu e casaco de malha avermelhado e ainda
senhora faladora em voz altíssima, outras vezes mostram casal hippie
que parece estar pronto a inaugurar uma excelentíssima fogueira ali
na nave central do edifício, pois bem é isto: toda a porta muito frequen-
tada é montra, e das melhores; diante de uma montra paradinha e definitiva poderemos ficar, quanto muito, uns minutinhos; ao invés, diante
de uma montra humanamente mortal mas *variavelmente variável* –
como são as portas-montra deste edifício – podemos ficar em habitat de
museu – no caso de gostarmos de observar o género humano – muito
e muito tempo.

Toda a porta é, pois, montra e Paulo Mendes da Rocha mostra-nos
isso, evidencia-o quando mantém a mesma forma, obrigando o olhar do
visitante à mesma atenção diante destes dois elementos bem distintos.

A porta tem ainda a vantagem, diga-se, em relação à montra que
tem exactamente o mesmo tamanho e forma, de instalar no museu a ex-
pectativa: quem vem aí? E de tal se conclua, rapidamente: todos os museus são dois: um, quando vazio; outro, completamente distinto, quando
habitado por humanos. Certamente haverá quem proteste pelas costas
humanas ruidosas estarem mesmo à frente daquele magnífico coche; pois,
mas por mim, protestaria, sim, sempre pela ausência de costas, pernas
e etc. num museu. Um museu não é apenas para ver as coisas expostas,
um museu é também para ver as pessoas verem as coisas expostas. Pen-
semos na energia que as peças de um museu têm: metade dessa energia
excitante pertence à própria peça – quer seja um coche, todo burilado
com cem mil curvas, quer seja um quadro – enquanto a outra metade
é dada pelas pessoas presentes no Museu, pelos seus movimentos, pela
sua atenção. Destes movimentos, desta atenção, desta tensão de quem vê,
sobra um resto de excitação que dá assim metade, pelo menos metade, da
energia benigna de um museu sensato.

Em suma, toda a montra sonha em ser transformada em porta, isso
é muito claro; os devaneios de partes concretas do edifício, estão, neste
caso, bem à vista. Se te portares mal, serás transformado em montra; se
te portares bem, serás – noutra encarnação, noutro projecto – porta. Sal-
vação ou castigo.

Pontos de vista

E por vezes, isto: subitamente, uma grande vista para o rio, para Belém,
para as árvores, para uma estátua que só agora descobrimos que existia
já há muitas décadas em pleno jardim de Belém. Elevar o solo é isto: de
uma forma simples: é elevar os olhos. Isso é o mais importante e é isso
que Paulo Mendes da Rocha faz.

Os ouvidos, de certa maneira, não são, pois, elevados. Não ouvimos
coisas que não ouviríamos lá em baixo, ao nível do rio (seria interessante
que uma qualquer abertura permitisse escutar pássaros que só cantassem

It would be enough, if such a thing were possible, to raise our eyes. But then as the eyes have long been – thankfully, and may God keep it that way – totally attached to the body, they do not see themselves, therefore, as organs of sight storing what they see in some warehouse behind them. Not all: the eyes see, and the visible is thrown, dropped, poured, slips, invades, etc., etc. the rest of the body – and thus what is seen, the visible, can perfectly well finish, you see, in the feet, for example – this is very clear. And so this building not only allows different things to be made visible because it has raised the point of view, but also allows and encourages a shift in the attention of the whole organism. What I see interferes with the contraction and relaxation of every muscle, from the optical muscles to those in the tips of the toes.

Two ways
It could also be said that the building enables the eyes to have two ways of seeing: you can see what is inside the museum (and isn't that what the damn museum is all about?), and you can see what is outside the museum too. What is in the exterior and what you'd never, but never ever be able to see if this museum did not exist.

(It's strange and is perhaps essential: a museum that allows you to see the exterior of the Museum. It shows a new exterior, a new *around* the museum. A construction that, in a way, constructs that which it does not touch. It constructs because it gives visual access, an access that did not exist before). The Coach Museum is a new belvedere for Lisbon – whoever enters should know that half their attention (let's forget, for a moment, the other people) will be on the coaches, and the other half on the river, the Belém gardens, the entire exterior surroundings – the exterior of the museum, therefore, as the essential piece of work. From above, you can see the coaches or the treetops of the Belém gardens. It is not to distract the man-who-comes-to-the-museum-to-see-the-pieces-that-are-within-the-museum-and-nothing-else, it is about requiring the visitor to be a simple but important citizen of the world, curious and attentive to what is happening out there, even when inside a building.

Educational service room
On the ceiling of the educational service room, there are (transparent) squares to see the sky. That's what education is all about, I would say (and yes, we should also have transparent squares allowing us to see the ground, the earth).

The Terrace
On the terrace, along an exterior walkway, suddenly, we come across the concentrated factory – a window giving visual access to the metallic and mechanical entrails of the building; everything on show as if after an accident or as if we were looking at an x-ray showing us, well and truly outside, what is usually hidden within, hidden, covered by skin or wall. Not here. Paulo Mendes da Rocha sets the glass and says: look at the machines that make this work.

lá para cima; e tal, sim, seria também elevar os ouvidos). Mas portanto
é isto: todo o corpo sobe como mero pretexto ou porque é impossível
fazer subir, de forma saudável, uma parte do corpo sem o corpo inteiro
em anexo; bastava, de facto, se tal fosse possível, subir os olhos. Mas
estando então os olhos, desde há muito – e ainda bem, que Deus os man-
tenha assim – ligadíssimos ao resto do corpo, estes não se assumem, por
isso mesmo, apenas como órgãos de ver que guardam o que vêem num
qualquer armazém atrás de si. Nada disso: os olhos vêem, e o visível
é atirado, deixado cair, é derramado, desliza, invade, e etc., etc. o resto
do corpo – e, assim, o que é visto, o visível, pode terminar perfeitamente,
vejam bem, nos pés, por exemplo - isso é muito evidente. E, portanto,
o que este edifício permite não é apenas tornar visíveis coisas diferentes
porque se elevou o ponto de vista, permite ainda e incita a uma mudança
na forma da atenção de todo o organismo. O que vejo interfere na con-
tracção e relaxamento de todos os músculos, dos músculos ópticos aos
músculos da ponta do pé.

Dois sentidos
Diga-se ainda que o edifício permite dois sentidos para os olhos: podes
ver o que está dentro do museu (e não é isso, o raio de um museu?),
e podes ainda ver o que está fora do museu, o que está no exterior e que
nunca, nunca conseguirias ver, se este museu não existisse.

    (É curioso e é talvez o essencial: um museu que dá a ver o exterior
do Museu. Mostra um novo exterior, um novo *em redor* do museu.
Uma construção que, de certa maneira, constrói aquilo em que não toca.
Constrói porque dá acesso visual, um acesso que antes não existia).
O Museu Dos Coches é um novo miradouro de Lisboa – quem entra deve
saber que metade da sua atenção (esqueçamos, por momentos, as outras
pessoas) irá para os coches, a outra metade para o rio, para os jardins de
Belém, para toda a envolvente exterior – o exterior do museu, portanto,
como a peça de arte essencial. Podes ver de cima os coches ou as copas
das árvores do jardim de Belém. Não se trata de distrair o homem-que-
-entra–no-museu-para-ver-as-peças-que-estão-dentro-do-museu-e-mais-
-nada, trata-se, sim, de exigir ao visitante que seja um simples mas importante cidadão do mundo, curioso e atento ao que se passa lá fora, mesmo
quando dentro de um edifício.

Sala pedagógica
No tecto, na sala pedagógica, quadrados (transparentes) para ver o céu.
Uma síntese da pedagogia, eu diria (e sim, deveríamos também ter qua-
drados transparentes que nos permitissem ver o chão, a terra).

O Terraço
No terraço, num passadiço exterior, de repente, deparamos com a fábrica
concentrada – uma montra que dá acesso visual às entranhas metálicas
e maquinais do edifício; tudo à mostra como depois de um acidente ou
como se estivéssemos diante de uma radiografia que nos mostrasse, cá
bem para fora, o que está normalmente lá dentro, escondido, coberto

What may at first sight seem an ugly garden, metallic and futuristic, gradually – as the eye relaxes – takes shape, acquires harmony, and the aesthetics almost of a beautiful ballerina with her wonderfully elegant feet on pointe. The pipes, the metal twists and multiple itineraries of the machines then appear to connect to each other in the right and, at the same time, ambiguous manner, subject to many possible interpretations. It's as if here, in that small space, a kind of metal mythology, concentrated and material, has been inaugurated. A story, that's what those metallic entrails seem to tell. If you allow your view to settle, and if you calm down, if you put your ear to the glass separating you from the mechanical workings of the things, you will see that the machines, plates, metal, pipes, all that functional and apparently neutral itinerary is, after all, truly narrating – and is not just a visible and mute thing.

And it could be said that these are also machines to capture the sun's attention, i.e. the light. Or maybe even the reverse - that feeling we get if we focus our attention on this machine garden for many minutes – that perhaps it's these machines that are producing light, and not vice versa. They are therefore sacred machines, sun-making (or rain-making) machines; the machines responsible for the weather that exists above and around the museum. And it is with this firm belief that we move away from this strange functional terrace.

The art of Drawing

And still, and finally, there is the attention to light in the whole building, in every crack made in the wall. The importance of that attention.

When, for example, looking at that enormous square of water decorated by small squares made of light, light that enters through the squares of glass in the roof, we understand, materially, the essence of the art of drawing. Drawing is light's itinerary over a surface.

There's no need for a pencil, a pen, Indian ink (still so beautiful), you don't need any tool that leaves an ink mark or trace mark. Light is enough. In that location where the building is, if we are patient and wait for hours, we will see that the squares seemingly drawn on the water change position according to the change in the incidence of the sunlight. If you want to change the drawing, move your sheet of paper in relation to the light – do not think like the ancients, that the light follows you. The light is the centre, and the draughtsman – modest and sensible – can only do one thing: move in relation to the centre, or rather, move his sheet, his drawing material. And this is the point, certain architects know the laws of astral movement and of the Earth in particular – astronomers who, instead of looking at the vast star hung sky, look at their sheet of paper – and are therefore both patient and astute: they do not, after construction, try and move entire buildings, another metre forward, another metre back. Much less do they try to climb up there, wherever it is, to amend the sun's position. None of that. It's about putting the building in just the right place and then hoping that the Earth's movement does the rest – the Earth's movement is, in fact, the draughtsman, the ultimate draughtsman; and the sheet of paper, the building.

por pele ou parede. Aqui não. Paulo Mendes da Rocha põe o vidro e diz: vejam as máquinas que fazem com que isto funcione.

E o que poderá à primeira vista parecer um jardim feio, metálico e futurista, em pouco tempo – quando o olho acalma – ganha forma, concórdia, e uma estética quase de bailarina bem bela em bicos de pés elegantíssimos. Os canos, as torções metálicas, os múltiplos itinerários das máquinas parecem então entre si ligar-se de uma maneira justa e ao mesmo tempo ambígua, objecto possível de muitas interpretações. É como se, ali, naquele pequeno espaço, fosse inaugurada uma espécie de mitologia metálica, concentrada e material. Uma história, eis o que aquelas entranhas metálicas parecem contar. Se repousares então a visão, e se te acalmares, se encostares o ouvido ao vidro que te separa do funcionamento mecânico das coisas, verás que as máquinas, as chapas, o metal, os canos, todo aquele itinerário funcional e aparentemente neutro está, afinal, verdadeiramente a narrar – e não apenas a ser coisa visível e muda.

E diga-se que aquelas são também máquinas de captar a atenção do sol, isto é, da luz. Ou talvez mesmo o inverso – é essa a sensação com que ficamos se prolongarmos por muitos minutos a nossa atenção sobre este jardim das máquinas – são, então, afinal talvez elas, essas máquinas, a produzir a luz, e não o contrário. Aquelas são, pois, máquinas sagradas, máquinas de fazer o sol (ou de fazer a chuva); são as máquinas responsáveis pelo clima que existe acima e em redor do museu. E é, assim, com essa crença inabalável que nos afastamos deste estranho terraço funcional.

A arte do Desenho

E ainda, e por fim, a atenção à luz em todo o edifício, em todos os rasgos que são feitos na parede. A relevância dessa atenção.

Quando vemos, por exemplo, aquele enorme quadrado de água decorado por pequenos quadrados feitos de luz, luz que entra pelos quadrados de vidro do tecto, percebemos, materialmente, a essência da arte do desenho. O desenho é o itinerário da luz sobre uma superfície.

Não precisas de lápis, caneta, tinta-da-china (belíssima, ainda hoje), não necessitas de nenhum instrumento que deixe marca-tinta, marca-vestígio. Basta a luz. Naquele local do edifício, se tivermos paciência e aguardarmos horas, veremos que os quadrados que parecem estar desenhados na água vão mudando de posição de acordo com a mudança da incidência da luz do sol. Se queres mudar de desenho desloca a tua folha em relação à luz – não penses como os antigos, que é a luz que anda atrás de ti. A luz é o centro, e o desenhador-modesto e sensato só pode fazer uma coisa: deslocar-se em relação ao centro, ou melhor, deslocar a sua folha, o seu material de inscrição. E é isto, certos arquitectos conhecem as leis do movimento dos astros e do planeta terra em particular – astrónomos que em vez de olharem para o vasto céu estrelado, olham para o papel – e por isso são pacientes e astutos: não se põem, depois da construção, a carregar edifícios inteiros, metro mais para a frente, metro mais para trás. Muito menos tentam subir lá acima, onde quer que isso seja, para emendar a posição do sol. Nada disso. Trata-se apenas de colocar sabiamente o edifício logo no sítio certo e esperar depois que o movimen-

In these squares of light changing position we have, then, the exhibition in real time of the endless drawing that architecture does. Because there are, in truth, two kinds of drawing in architecture. The drawing on the sheet of paper, the project, to be precise – that is, in a way, definitive. And, after, the other drawing, the immortal, interminable drawing – while the sun and the building exist. The drawing that the light will make on the habitation and the face and neck of its inhabitants.

Blessed be the sun that, as long as it exists, will draw on the architect's previous drawing. Light on ink made building.

Light, water, stone and drawing, it's all here, in Paulo Mendes da Rocha's project; and it all seems very good to me.

to da terra faça o resto – o movimento da terra é, de facto, o desenhador, o último desenhador; e a folha de papel, o edifício.

Nestes quadrados de luz que mudam de posição temos, então, a exibição, em tempo real, do desenho interminável que a arquitectura faz. Porque há, na verdade, dois desenhos em arquitectura. O desenho na folha de papel, o projecto propriamente dito – que é, de certa maneira, definitivo. E, depois, o outro desenho, o desenho imortal, interminável – enquanto o sol e o edifício existirem. O desenho que a luz fará na habitação e no rosto e na nuca dos seus habitantes.

Bendito seja o sol que enquanto existir desenhará sobre o desenho anterior do arquitecto. Luz sobre tinta feita edifício.

Luz, água, pedra e desenho, aqui está tudo, no projecto arquitectónico de Paulo Mendes da Rocha; e tudo me parece muitíssimo bem.

Terra Estrangeira (Foreign Land)

You've got no idea where you are, have you? This here is the edge of Europe. This here is the end. What courage to cross this sea 500 years ago. It was because they thought Paradise was there. Poor Portuguese, they ended up discovering Brazil.

— Alex (Fernanda Torres) *in* "Terra Estrangeira" *(Foreign Land)*, a film by Walter Salles and Daniela Thomas, 1995.

The National Coach Museum in Lisbon, built among the monuments in Belém, beside the presidential Palace and the former Royal Equestrian School (that was, up until now, the main home of the major collection of Portuguese coaches) is, above all, a cultural fact, a transcontinental event that evokes the common histories of two countries in two continents. Paulo Mendes da Rocha began designing this project in 2008, in São Paulo, with a team from that city: MMBB (Fernando de Mello e Franco, Marta Moreira and Milton Braga), and then continued in the office of the Lisbon architect Ricardo Bak Gordon. The building of the new museum will stand, however, as proof of the migrant capacity of the Brazilian architecture of modern genealogy, an event announced since the Brazilian Pavilion in the 1939 New York World's Fair by Lúcio Costa, Oscar Niemeyer and Burle Marx, with the collaboration of the North American Paul Lester Wiener.

The architecture of this new museum in Lisbon is strangely familiar to us, the Portuguese. There are aspects here that are very close to our architectural culture: a contained formality, a pragmatism shown in functional terms, a dominated construction technology, a consequence, even, of the providential presence in the work and project of Portuguese technicians such as the engineer Rui Furtado. In 2007, Mendes da Rocha said: "A school, a hospital, a metro station, a museum, a library, are projects that demand nothing exceptional… on the contrary, it is a virtue to be able to show their simplicity"[1]. A reinterpretation, conceivable today, of *plain* architecture, which George Kubler presented in the 1970s[2] as a categorization of the peripheral architectures and, through geographical inherence, of Portuguese architecture. The *plain* manner is stamped as a peculiarity, in the Western world of built forms. It supported the critical regionalism discourses that emerged right after, between late 1970s and the end of the millennium, about a society that saw itself as resilient and, paradoxically, *conservative* in its revolutionary action after the April 1974 Revolution.

1. Paulo Mendes da Rocha, *Projectos 1999–2006*, Cosac Naify, São Paulo, 2007, p. 13.
2. George Kubler, *Portuguese plain architecture: between spices and diamonds, 1521–1706*, Wesleyan University Press, Middletown, 1972.

Terra Estrangeira

Você não tem nem ideia onde cê está, não é? Isto aqui é a ponta da Europa. Isto aqui é o fim. Que coragem cruzar esse mar há 500 anos atrás. É que eles achavam que o Paraíso estava ali. Coitados dos portugueses, acabaram descobrindo o Brasil.

— Alex (Fernanda Torres) *in* "Terra Estrangeira", filme de Walter Salles e Daniela Thomas, 1995.

O Museu dos Coches de Lisboa, edificado na área monumental de Belém, junto ao Palácio presidencial e ao antigo Picadeiro Real (até agora a principal montra da importante colecção portuguesa de coches), é antes de tudo um facto cultural, um acontecimento transcontinental que se cruza com a história comum de dois países em dois continentes. Paulo Mendes da Rocha começou a desenhar o conjunto em 2008, em São Paulo, com a equipa paulista MMBB (Fernando de Mello e Franco, Marta Moreira e Milton Braga), prosseguindo depois no escritório lisboeta do arquitecto Ricardo Bak Gordon. A construção do novo museu será contudo inscrita no futuro como prova da capacidade migrante da arquitectura brasileira de genealogia moderna, acontecimento anunciado desde o Pavilhão do Brasil na Feira Internacional de Nova Iorque de Lúcio Costa, Oscar Niemeyer e Burle Marx, com a colaboração do norte-americano Paul Lester Wiener, em 1939.

A arquitectura do novo espaço museológico em Lisboa é-nos estranhamente familiar, a nós portugueses. A nossa cultura arquitectónica encontra nesta obra pontos que lhes são próximos: uma formalidade contida, um pragmatismo que se manifesta no plano funcional, uma tecnologia construtiva dominada, resultante até da providencial presença, na obra e no projecto, da engenharia portuguesa através de técnicos como o engenheiro Rui Furtado. Em 2007, Mendes da Rocha dizia: "Uma escola, um hospital, uma estação de metrô, um museu, uma biblioteca, são programas que não exigem nada de excepcional... ao contrário, é uma virtude poder demonstrar a sua simplicidade"[1]. Uma reinterpretação, imaginável na contemporaneidade, da arquitectura chã que George Kubler lançou na década de 1970[2] como uma categorização da arquitectura das periferias e, por inerência geográfica, da arquitectura portuguesa. Essa marca *chã* é timbrada como uma peculiaridade, no mundo ocidental das formas construídas. Sustenta os discursos do regionalismo crítico que surgiram logo a seguir, entre os finais da década de 1970 e o fim do milénio, sobre uma sociedade que se via a si própria como resiliente e, paradoxalmente, *conservadora* na sua acção revolucionária após Abril de 1974.

1. Paulo Mendes da Rocha, *Projectos 1999–2006*, Cosac Naify, São Paulo, 2007, p. 13.

2. George Kubler, *A arquitectura portuguesa chã entre as especiarias e os diamantes, 1521–1706*, (1.ª edição inglesa de 1972), Vega, Lisboa, 1988.

The matrix of the Coach Museum, however, is distinct of the matrix of the Portuguese contemporary architecture. What seems to be contained formality is, in fact, a prodigious and demiurgic gesture. There is a belief that allows for clarity on setting the expression of the building and its monumentalized scale, in an urban fabric that is fragmented and still medieval. And what emerges as functional pragmatism reflects the programme's modesty: a garage for coaches, equipped with the basic fittings that are essential for its daily running as a museum. Mendes da Rocha has called it a *reliquary*. Only its constructive domain is exuberant, the desired plasticity of a culture, like the Brazilian, forged by *builders of Baroque churches*, as Lúcio Costa would say. In the magazine *Casabella*, Eduardo Souto Moura sums up well the Portuguese amazement at the poetic dimension of this speculation about technique, the export mark of Brazilian architecture: "In all the work of Paulo Mendes da Rocha, as in that of other Brazilians… we can see the obsession with erasing gravity, pushing matter to its limits… to liberate the tectonic mass and make it float"[3]. Some people here see the allegory of the ship or rather, like Gonçalo M. Tavares[4], of Noah's ark. Undoubtedly, the writer has hit on one of the central arguments of Brazilian architecture: its redemptive purpose, regardless of the geography that hosts it, and the traumatic nature of the political history that has strengthened it, especially if we recall the specific condition of the branch that became autonomous in São Paulo from the 1960s onwards under the creative shadow of João Vilanova Artigas, during the military dictatorship.

Significantly, it was through the political change imposed by the dictatorship in 1964 that the São Paulo architects reinforced their architectural discourse that historical distance today can corroborate as a form of activism and, thus, of resistance or political militancy. Mendes da Rocha came to professional maturity in this period. We can see a sign of this in his 1958 project for the gymnasium at the Clube Atlético Paulistano, as being the encouragement of different urban and public uses simultaneously under the same roof. Embodying the Greeks, in raising the Faculty of Architecture and Urban Planning, on the São Paulo University campus, designed by Artigas with Carlos Cascadi in 1961, to the same primordial status as the Parthenon, the Paulistas moved onward to build a *new Rome,* a magnificent description by the anthropologist Darcy Ribeiro, when summing up the Brazilian people. Among us, however, there is no consensus on a single founding work of Portuguese contemporaneity as evident as that where Mendes da Rocha taught several generations of *Paulista* architects, precisely those that wanted to listen to him. The awarding of the 2006 Pritzker Prize confirmed that São Paulo had a school, and that the duty of the *Paulista* architects was to "not let the question of teaching degenerate"[5]. This awareness of the existence of a

---

3. Eduardo Souto de Moura, *"Zeno's Paradox: notes on the National Coach Museum in Lisbon by Paulo Mendes da Rocha"*, Casabella, n°. 851–852, July/August, Electa, Milan, 2015, p. 97.
4. See page 50.

Mas o Museu dos Coches inscreve-se numa matriz distinta da da arquitectura contemporânea portuguesa. O que parece formalidade contida é na verdade gesto prodigioso e demiúrgico. Há uma convicção que permite a clareza no acerto da expressão do edifício e na sua escala monumentalizada, face a um tecido urbano fragmentado e ainda de molde medieval. E o que surge como um pragmatismo funcional é reflexo da modéstia do programa: uma garagem para coches, equipada com apetrechos básicos, indispensáveis ao seu uso quotidiano como museu. Mendes da Rocha tem-lhe chamado *relicário*. Só o domínio construtivo é exuberante, e a plasticidade desejada de uma cultura, como é a brasileira, forjada por *construtores de igrejas barrocas*, como diria Lúcio Costa. Eduardo Souto Moura sintetiza bem, na revista *Casabella*, a perplexidade portuguesa perante a dimensão poética dessa especulação sobre a técnica, marca de exportação da arquitectura do Brasil: "Em toda a obra de Paulo Mendes da Rocha, como na de outros brasileiros... podemos ver a obsessão em contrariar a gravidade, em desafiar a matéria até ao limite... em libertar a massa tectónica e fazê-la flutuar"[3]. Houve quem visse aqui a alegoria do navio, ou melhor da arca de Noé, como Gonçalo M. Tavares[4]. Sem dúvida, o escritor acerta com um dos argumentos centrais da arquitectura brasileira: o seu desígnio redentor, independentemente da geografia que a acolhe, e do carácter traumático da história política em que se fortaleceu, principalmente se evocarmos a condição específica do tronco que se autonomiza em São Paulo a partir dos anos de 1960 sob a sombra criadora de João Vilanova Artigas, em plena ditadura militar.

Significativamente, é na viragem política que a ditadura impõe, em 1964, que os arquitectos paulistas reforçam o seu discurso arquitectónico, que hoje a distância histórica autoriza a corroborar como uma forma de activismo e, lá está, de resistência ou militância política. Mendes da Rocha ganha maturidade profissional nesse período, aspecto que, em 1958, o seu projecto para o Ginásio Clube Atlético Paulistano, em São Paulo, prognostica ao incentivar a simultaneidade de diferentes usos urbanos e públicos sob a mesma cobertura. Entranhando os gregos e promovendo o edifício da Faculdade de Arquitectura e Urbanismo, no campus da Universidade de São Paulo, de Artigas com Carlos Cascadi, de 1961, ao mesmo nível matricial do Pártenon, os paulistas avançam na construção de uma *nova Roma*, descrição magnífica do antropólogo Darcy Ribeiro, na síntese que faz do povo brasileiro. Entre nós, porém, não existe consenso sobre uma única obra fundadora da contemporaneidade portuguesa com a mesma evidência, com que é apontado esse edifício onde Mendes da Rocha ensinou algumas gerações de arquitectos paulistas, justamente as que o quiseram ouvir. É na sequência da atribuição do Prémio Pritzker 2006, que confirma ter São Paulo uma escola e ser dever dos arquitectos da cidade "não deixar degenerar a questão do

3. Eduardo Souto de Moura, "Il Paradosso di Zenone: note sul Museo delle Carrozze a Lisabona di Paulo Mendes da Rocha", *Casabella*, nº. 851–852, Julho/Agosto, Electa, Milão, 2015, p. 92. (tradução para português da autora).
4. Ver página 51.

collective project marked a distance between the professional circles of the two countries, which was also measured by the new work, represented by modern Brazilianness, and the archaism within which Portuguese culture consolidated itself. It is from this historical perspective that the new museum will also make a strong impression.

The design of the Coach Museum is thus heir to an idea of modernity innate to new societies, built in the South Atlantic. This invention is exercised through the discipline of Architecture, "a peculiar form of knowledge" – as Mendes da Rocha insists[6] – from a post-colonialist viewpoint that does not evoke the subordinate position of its colonial past but, on the contrary, raises it to a condition of superiority; a superiority that is also moral and that incorporates architectural design by the way the building floats above the ground in the city. It is a reflection of the proof that Brazilians and Americans are born, following the reasoning of Mendes da Rocha, with the modern post-Galileo Galilei world, constituting "a part of the planet recently inaugurated in terms of knowledge"[7]. We should also add here that contemporary Brazil owes less to colonial Brazil (that represents the past shared with Portugal), and is closer to immigrant Brazil, the land of foreigners, Portuguese, Africans, Italians, Germans, Japanese, Lebanese, Latin-Americans, Koreans, among many…

"What does the birth of a country mean and, more than that, of a people, an entirely new people?", the critic Mario Pedrosa asked in 1959[8]. Being a country *condemned to the modern*. Stated like this, it sounds like a manifesto. But if it were, it would be retroactive. The absence of strong cultures in Brazil (compared to other Latin American countries) at the time of colonisation, made it – according to Pedrosa - open to the invention of a new fact. This idea is in line with the opening of *Sertões* (*Rebellion in the Backlands*) by Euclides da Cunha. From the *Paulista* perspective, in which Mendes da Rocha was trained, there are specific conditions that affect the reception of international modern culture. The Modern Movement that expanded in Europe during the 1920s, and that Le Corbusier's first visit in 1929 publicly presented to Brazil, manifested itself within 10 years, with Niemeyer's Pampulha as a local autonomised modern, fit for export. Le Corbusier, however, recalled the São Paulo youth who talked to him about the *Cannibal Manifesto* that Oswald de Andrade had made famous a year earlier and that announced the future. Accordingly, the modern that established itself in São Paulo from the 1950s belonged to the category of laconic modern architectures. Everything is summarised in simple operations: "The vertical as support, as away from the ground – to sustain a cover," as described by Artigas in 1970[9]. The so-called *Paulista Brutalism* is reproduced as an ethical

5. Paulo Mendes da Rocha, *Projectos 1999–2006*, p. 12.

6. *Ibid.*, p. 11.

7. Paulo Mendes da Rocha, *Paulo Mendes da Rocha*, Cosac Naify,
São Paulo, 2000, p. 15.

8. Mário Pedrosa, *Arquitetura – Ensaios Críticos*, Cosac Naify,
São Paulo, 2015, p. 75.

ensino"[5]. Esta consciência da existência de um projecto colectivo assinala uma distância entre os círculos profissionais dos dois países, que também se mede entre a obra nova, que a brasilidade moderna representa, e o arcaísmo em que se consolida a cultura portuguesa. É nessa perspectiva histórica que o novo museu deixará igualmente uma forte impressão.

O desenho do Museu dos Coches é então hereditário de uma ideia de modernidade inata às sociedades novas, construídas no Atlântico sul. Essa invenção é exercitada através da disciplina da Arquitectura, "uma forma peculiar de conhecimento" – como insiste Mendes da Rocha[6] – numa visão pós-colonialista que não evoca a situação subalterna do seu passado colonial mas, pelo contrário, a eleva a uma condição de superioridade; uma superioridade que também é moral e que o traçado arquitectónico incorpora através do modo como o edifício flutua sobre o chão da cidade. É um reflexo da evidência de que brasileiros e americanos nascem, seguindo o raciocínio de Mendes da Rocha, com o mundo moderno pós Galileu Galilei, constituindo "uma parte do planeta recentemente inaugurada no plano do conhecimento"[7]. Neste contexto, há ainda a acrescentar que o Brasil contemporâneo é menos devedor do Brasil colonial (aquele que representa o passado que partilha com Portugal), e mais chegado ao Brasil imigrante, terra de gente estrangeira, portugueses, africanos, italianos, alemães, japoneses, libaneses, latino-americanos, coreanos, entre muitos...

"Que significava o nascimento de um país, e mais do que isso, de um povo, um povo inteiramente novo?", questiona o crítico Mário Pedrosa em 1959[8]. Ser um país *condenado ao moderno*. Escrito assim soa como um manifesto. Mas se o fosse, seria retroactivo. A inexistência de culturas fortes no território brasileiro (em comparação com outros contextos latino-americanos), à data da colonização, torna-o – segundo Pedrosa – disponível à invenção de um facto novo. A constatação está em sintonia com a abertura dos "Sertões" de Euclides da Cunha. Da perspectiva paulista, em que se forma Mendes da Rocha, há condições específicas que condicionam a recepção da cultura moderna internacional. No embate com o Brasil, o Movimento Moderno que se propaga na Europa dos anos de 1920, e que a primeira visita de Le Corbusier em 1929 expõe publicamente, manifesta-se em 10 anos, com a Pampulha de Niemeyer, como um moderno local, autonomizado, apto à exportação. Le Corbusier recorda entretanto os jovens paulistas que lhe falam da teoria antropófaga que Oswald de Andrade celebriza um ano antes e que anuncia o futuro. Em linha de continuidade, o moderno que se consolida em São Paulo a partir da década de 1950 pertence à categoria das arquitecturas modernas lacónicas. Tudo se sintetiza em operações simples: "O vertical enquanto apoio, enquanto sair do chão – sustentar uma cobertura", descrição de

5. Paulo Mendes da Rocha, *Projectos 1999–2006*, p. 12.

6. *Ibid.*, p. 11.

7. Paulo Mendes da Rocha, *Paulo Mendes da Rocha*, Cosac Naify, São Paulo, 2000, p. 15.

8. Mário Pedrosa, *Arquitetura – Ensaios Críticos*, Cosac Naify, São Paulo, 2015, p. 75.

expression – with four pillars and a slab as cover you make the new São Paulo house – in search of the *value of gravity*, in the use of *heavy forms* that near the ground are dialectically negated[10]. Mendes da Rocha refined this constructive ethic that Artigas left uncovered in a succession of works starting with the Brazilian Museum of Sculpture in São Paulo, in 1988, which reinforced this laconic approach described as *Paulista*. It does not blur it but rather makes it more intelligible through shapes that directly communicate their aim: "a prestressed concrete beam"[11] that covers a 60 metre span, for example, creating a cover close to the ground for sculptures. The architecture is lucid: "Would I exhibit sculptures in a raised building?"[12]

Having arrived in Lisbon, Mendes da Rocha acted like a foreigner. His closest collaborators confirm this. Bak Gordon told the newspaper *Público*, just before the museum's opening: "That project could not have been done by a European architect"[13]. Years earlier, during the 1960s, Niemeyer, when exiled in Paris, worked in Madeira, creating a tropical island and shaping a new landscape within that *imagined* framework by setting a hotel and a casino there. Brazilian culture then served to endorse the approach of the Carioca architect. Niemeyer carried the history of that culture – he is the inventor of its forms. But he maybe lacked the assertiveness (as Fernando Távora did in relation to us) to say: *I am Brazilian architecture*. Only Lúcio Costa could claim this, precisely for having invented the genealogical line of Brazilian architecture since the arrival of the first colonists. Returning to the Coach Museum and 2015, Bak Gordon has listed the numerous signs of this culture, foreign to the European way of proceeding: "The city's ground is a continuous public, social space that cannot, nor should, be limited, blocked, sectorised. This is where the idea of raising the programmatic areas of the ground comes from. If you lift the building off the ground – contradicting the laws of Physics – then the structure gets a foundational role... from here on we continue building a discourse in which Art, Science and Technique are present, in the response that the architectural solutions give to enhance the virtues of the place"[14].

In Lisbon, this meant acting on an *already beautiful* place that was enhanced by the museum, as Mendes da Rocha has mentioned in numerous comments about the project. It aspired, however, to reconfigure its geography, rising above the tops of the surrounding trees, competing with the terraces of Belém's neoclassical palace, previously hidden from public, setting new perspectives on the south bank of the Tagus. An architecture that presents, nakedly and without subterfuge, private uses that therefore become part of the public sphere, confirming the collective character of

9. João Vilanova Artigas, *Caminhos da Arquitetura*, Cosac Naify, São Paulo, 2004, p. 155.
10. *Ibid.*, p. 225.
11. Paulo Mendes da Rocha, *Paulo Mendes da Rocha*, p. 86.
12. Paulo Mendes da Rocha, *Projectos 1999–2006*, p. 21.
13. Ana Vaz Milheiro, "*Este museu não podia ser desenhado por um arquitecto europeu*", Jornal *Público*, 22nd May 2015.
14. *Ibid.*

Artigas em 1970[9]. O chamado *brutalismo* paulista reproduz-se como expressão ética – de quatro pilares e uma laje como cobertura se faz a nova casa paulista –, na busca do *valor da gravidade*, no uso de *formas pesadas* que junto à terra são dialecticamente negadas[10]. Mendes da Rocha apura esta ética construtiva que Artigas deixara a descoberto, numa sucessão de obras a partir do Museu Brasileiro de Escultura em São Paulo, de 1988, e que reforçam essa abordagem lacónica descrita como paulistana. Não a esbate, mas torna-a mais inteligível através de formas que directamente comunicam ao que vêm: "uma viga de concreto protendido"[11] que vence 60 metros de vão, por exemplo, configurando a forma de um abrigo raso ao chão para esculturas. A arquitectura é lúcida: "Ia ficar expondo esculturas em um edifício levantado?"[12].

Desembarcado em Lisboa, Mendes da Rocha age como um estrangeiro. Os seus colaboradores mais próximos confirmam-no. Bak Gordon declara ao jornal *Público*, às vésperas da inauguração do museu: "Aquele projecto não podia ser feito por um arquitecto europeu"[13]. Anos antes, durante a década de 1960, também Niemeyer, a partir do seu exílio parisiense, trabalhara para a Madeira, engendrando uma ilha tropical e reconfigurando uma nova paisagem dentro desse quadro *imaginado* através da implantação de um hotel e de um casino. A cultura brasileira serve então de aval à abordagem do arquitecto carioca. Niemeyer carrega a história dessa mesma cultura – é o inventor das suas formas. Mas talvez lhe tenha faltado assertividade para afirmar (como Fernando Távora fez em relação a nós): *Eu sou a arquitectura brasileira*. Isso só Lúcio Costa pôde reclamar, por exactamente ter inventado a linha genealógica da arquitectura brasileira desde a chegada dos primeiros colonizadores. Regressando ao Museu dos Coches e a 2015, Bak Gordon enumera os traços reconhecíveis dessa cultura, estrangeira ao modo europeu de agir: "O chão da cidade é um espaço contínuo, público, social, que não pode ser, nem deve ser limitado, bloqueado, sectorizado. A partir daí surge a ideia de levantar os espaços programáticos do chão… Se se levanta o edifício do chão – contrariando-se as leis da física –, então a estrutura ganha um papel fundacional… daqui para a frente continuamos a construir um discurso em que Arte, Ciência e Técnica estão presentes, naquilo que é a resposta que as soluções arquitectónicas oferecem para ampliar as virtudes do lugar"[14].

Em Lisboa, tratava-se de agir sobre um lugar *já belíssimo* que o museu reforça, como Mendes da Rocha recorda em inúmeros testemunhos sobre o projecto. Aspira contudo a reconfigurar a sua geografia, levantando-se sobre a copa das árvores circundantes, concorrendo com os socalcos do palácio neoclássico de Belém, antes ocultos do público, fixando

9. João Vilanova Artigas, *Caminhos da Arquitetura*, Cosac Naify, São Paulo, 2004, p. 155.
10. *Ibid.*, p. 225.
11. Paulo Mendes da Rocha, *Paulo Mendes da Rocha*, p. 86.
12. Paulo Mendes da Rocha, *Projectos 1999–2006*, p. 21.
13. Ana Vaz Milheiro, "Este museu não podia ser desenhado por um arquitecto europeu", Jornal *Público*, 22 de Maio de 2015.
14. *Ibid.*

the city's ground. The reference to other Brazilian museological experiences makes it possible to establish a pattern of response, as close as possible to a *tradition* which has been consolidated decade by decade, strengthening ties of *familiarity* with the cultural production it has descended from. Spaces such as Lina Bo Bardi's São Paulo Museum of Art, of 1957, or the Museum of Modern Art of Rio de Janeiro, which Affonso Eduardo Reidy designed three years before, in front of Guanabara Bay, make use of a seemingly limitless space, a suspended box that, through platforms, extends the urban territory. The ambiguity between interior and exterior spaces is the symbolic signal of the building of new collective paradigms. The city of revolution is that which is gained through projects such as the Coach Museum, a successive composition of redemptive spaces. The methodology of approach, a sort of review of the State of the Art of Paulista architecture, is part of a progressive logic that puts human ingenuity at the service of an increasingly artificial landscape because, according to Mendes da Rocha himself, the "city is Man's supreme project on the planet" and "has nothing to do with nature"[15].

The attraction of water, manifestly clear in Lisbon, has marked Mendes da Rocha's urban projects: in the town of Tieté, in 1980, the geographical virtues were reinvented to build a fluvial utopia. Nothing could be more appropriate in a country of "crabs and mangroves", of "biological life", an imaginary setting built "between the sea, the mangrove and fresh water of the continent"[16]. Mendes da Rocha is the keeper of all modern Brazilian architecture, from Affonso Eduardo Reidy to Artigas, as mentioned above. But he also keeps the wind, the water, "eight thousand kilometres of coast", the ships, the River Doce and the abundant river basins of Brazil, as he told Guilherme Wisnik and Martin Corullon in 2007[17]. Born in Vitória do Espírito Santo, in 1928, he lived in Rio de Janeiro and São Paulo as a child and adolescent. He was brought up in pensions of Paulista Avenue, farms and shipyards. His belief in the irreversible transformation of the natural landscape was formed here – in the awareness of "a non-contemplative idea of nature" – because when men look at it, "he has already seen it as part of his project, part of the transformations that he will carry out"[18]. Complicating things, Pedrosa warned in 1950 that: "This fear of nature, almost traditional among us, comes from the old colonial times"[19].

Lisbon is north of the tropics. It is a city of temperate climate, on the shores of the Atlantic, the subsoil rich in archaeologies. The mouth of the Tagus, symbolic departure point for the ships of yesteryear, has with time become the allegory of an ancient country. The new museum sublimates this condition in its status as a *promised monument*. It is an infrastructure from the future. Its infrastructural condition is shown through the materialisation which has been taking place since the start

15. Paulo Mendes da Rocha, *Projectos 1999–2006*, p. 19.
16. *Ibid.*, p. 21.
17. *Ibid.*, p. 14.
18. Paulo Mendes da Rocha, *Paulo Mendes da Rocha*, p. 70.
19. Mário Pedrosa, *Arquitetura – Ensaios Críticos*, p. 86.

novas perspectivas sobre a margem sul do Tejo. Uma arquitectura que expõe, de forma crua e sem subterfúgios, usos privados que assim passam a integrar a esfera pública, confirmando o carácter colectivo do solo da cidade. A referência a outras experiências museológicas brasileiras possibilita estabelecer um padrão de resposta, o mais próximo possível a uma *tradição* que se consolida década a década, intensificando laços de *familiaridade* com a produção cultural de que descende. Espaços como o Museu de Arte de São Paulo de Lina Bo Bardi, de 1957, ou o Museu de Arte Moderna, do Rio de Janeiro, que Affonso Eduardo Reidy projectou três anos antes, diante da baía de Guanabara, fazem uso de um espaço sem limites aparentes, uma caixa suspensa que prolonga, em plataformas, o território urbano. A ambiguidade entre espaços interior e exterior é o sinal simbólico da construção de novos paradigmas colectivos. A cidade da revolução é a que se conquista a partir de operações como o Museu dos Coches, uma composição sucessiva de espaços redentores. A metodologia de abordagem, uma espécie de revisão do Estado da Arte da arquitectura paulista, inscreve-se numa lógica progressista que coloca o engenho humano ao serviço de uma paisagem progressivamente mais artificializada, porque a "cidade é o supremo projeto do homem no planeta", segundo o próprio Mendes da Rocha, "nada tem a ver com a natureza"[15].

A atracção das águas, manifesta em Lisboa, marca os projectos de cunho urbanístico de Mendes da Rocha: na cidade do Tietê, de 1980, as virtudes da geografia são reinventadas para construir uma utopia fluvial. Nada mais acertado num país de "caranguejos e manguezais", de "vida biológica", um imaginário construído "entre mar, mangue e água doce do continente"[16]. Mendes da Rocha guarda a arquitectura moderna brasileira toda, de Affonso Eduardo Reidy até Artigas, como se escreveu antes. Mas guarda também a ventania, as águas, "oito mil quilómetros de costa", os navios, o rio Doce, as fartas bacias hidrográficas do Brasil, como revela, em 2007, a Guilherme Wisnik e Martin Corullon[17]. Nascido em Vitória do Espírito Santo, em 1928, vive no Rio de Janeiro e em São Paulo durante a infância e a adolescência. É criado entre pensões da Av. Paulista, fazendas e portos em estaleiro. A convicção na irreversível transformação da paisagem natural molda-se aí – na consciência de "uma ideia de natureza não contemplativa" – porque, o homem quando a olha, "já a vê como parte do seu projeto, das transformações que fará"[18]. Baralhando, Pedrosa avisara nos anos de 1950: "Esse receio da natureza, quase tradicional entre nós, vem dos velhos tempos coloniais"[19].

Lisboa localiza-se a norte dos trópicos. É uma cidade de clima temperado, às margens do Atlântico, e de muitas arqueologias no seu subsolo. A foz do Tejo, lugar simbólico da partida das naus, com o tempo tornou-se a alegoria de um país antigo. O novo museu sublima essa con-

15. Paulo Mendes da Rocha, *Projectos 1999–2006*, p. 19.
16. *Ibid.*, p. 21.
17. *Ibid.*, p. 14.
18. Paulo Mendes da Rocha, *Paulo Mendes da Rocha*, p. 70.
19. Mário Pedrosa, *Arquitetura – Ensaios Críticos*, p. 86.

of the process. The first model to be publicly exhibited showed a great nave – 150 metres long and 54 wide – , raised on circular section pillars; an annex building of 45 metres on each side; a pedestrian walkway over the railway line; and a cylindrical silo for car parking, by the river. However, the group of buildings would be recomposed and today is made up of just the first two buildings, although the large nave has been reduced in length (about 24 metres) and in width (only 6), and with the aerial walkway being kept. As in the new Coach Museum, over time, Mendes da Rocha's buildings have confirmed the architect's belief that there are no technical restrictions. Rui Furtado has told *Casabella*[20] a story of the building process in a completely open way, as crystalline as a fact of engineering. The reasons are clear, in terms of architecture too, because as Mendes da Rocha has mentioned, "No-one can engender something they did not imagine first"[21]. It is a little like the arrival in Brazil, an accident surely also anticipated, as mentioned by Alex, the character in *Foreign Land*. And it is in this process of discovering *"the West"*, as *"the future of the past"* – as it is described in the opening poem of Fernando Pessoa's "Mensagem" (*Message*) – that the Coach Museum has inscribed a new architectural and cultural genealogy on the age-old archaeological soil of Lisbon.

20. Rui Furtado, "A public place, rigorously projected and unexpectedly open. How the National Coach Museum was built", *Casabella*, n°. 851–852, July/August, Electa, Milan, 2015, p. 96.
21. Paulo Mendes da Rocha, *Projectos 1999–2006*, p. 15.

dição, no seu estatuto de *monumento prometido*. É uma infra-estrutura vinda do futuro. A sua condição infra-estrutural comunica-se através das materializações que foi assumindo desde o arranque do processo. A primeira maquete, exposta publicamente, mostrava uma grande nave de 150 metros de comprimento por 54 de largura, elevada sobre pilares de secção circular; um anexo, de 45 metros de lado; uma *passerelle* sobre a via férrea; e um silo cilíndrico para estacionamento automóvel, do lado do rio. Entretanto, o conjunto seria recomposto, comportando hoje os dois edifícios iniciais, ainda que a grande nave tenha sido reduzida no comprimento (cerca de 24 metros) e na largura (apenas 6), mantendo-se a passagem aérea. Como no novo Museu dos Coches, ao longo do tempo, os edifícios de Mendes da Rocha vão confirmando a confiança do arquitecto de que não há restrições técnicas. Uma história do processo de construção é contada por Rui Furtado à *Casabella*[20] de modo desassombrado, cristalina como um facto de engenharia. As razões são claras, também do lado da Arquitectura, porque, como Mendes da Rocha elucidou a dada altura, "ninguém pode engendrar uma coisa em que não pensou antes"[21]. Um pouco a exemplo da chegada ao Brasil, acidente com toda a certeza também antecipado, a que se refere Alex, personagem de "Terra Estrangeira". E é nesse processo de descoberta do Ocidente, enquanto *futuro do passado*, com que abre a "Mensagem" de Fernando Pessoa, que o Museu dos Coches inscreve uma nova genealogia arquitectónica e cultural no vetusto solo arqueológico de Lisboa.

20. Rui Furtado, "Un luogo pubblico, rigorosamente protetto e inaspettatamente aperto. Come è stato costruito il Museo dele Carroze", *Casabella*, n°. 851–852, Julho/Agosto, Electa, Milano, 2015, pp. 67–70.
21. Paulo Mendes da Rocha, *Projectos 1999–2006*, p. 15.

1

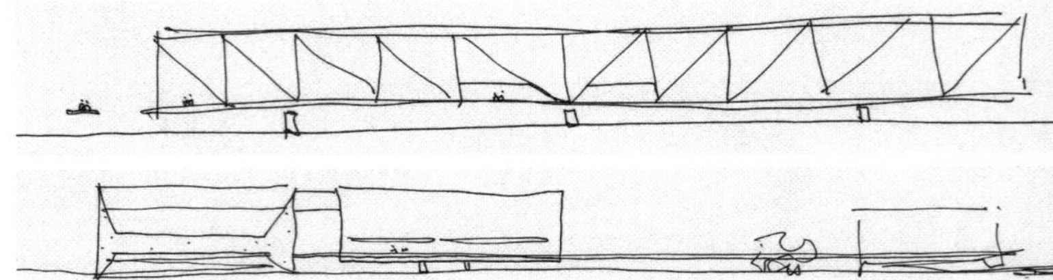

2

4

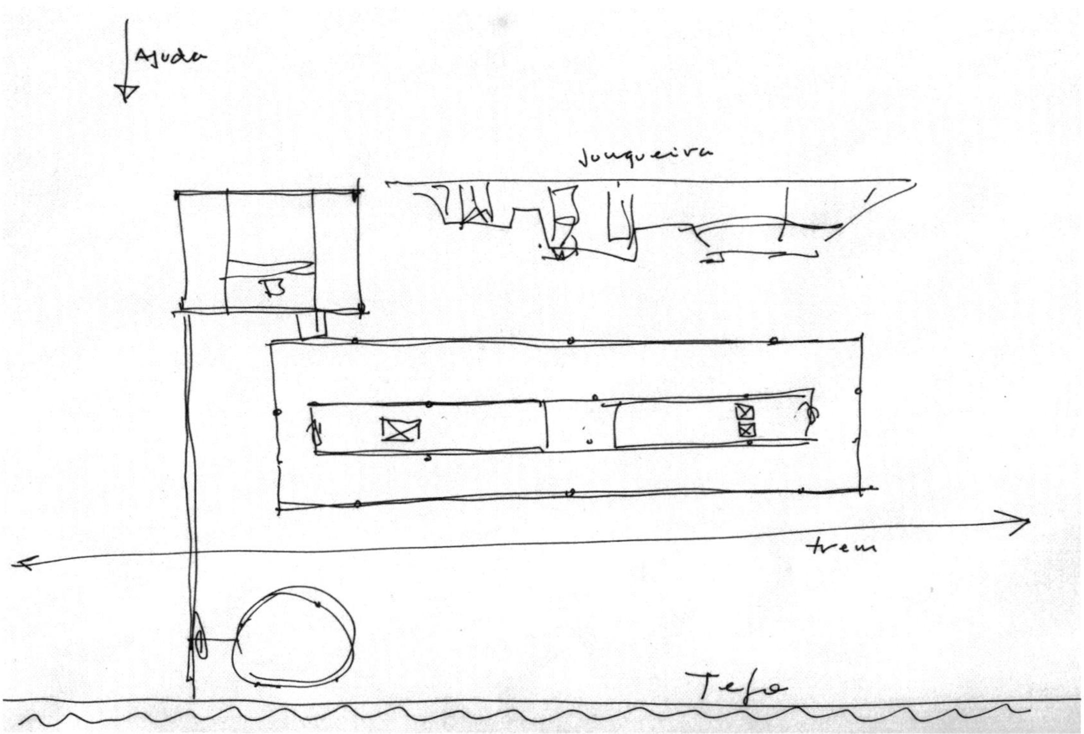

3

5

1. Maquete / Model
2. Esquissos Alçado Sul
e Poente / Drawings South and
West Elevation
3. Esquisso Planta /
Sketched Plan
4. Ortofotomapa /
Orthophotomap
5. Fotografia Aérea /
Aerial Photograph

Um projeto para as novas instalações do Museu dos Coches levanta, primordialmente para a arquitetura, duas questões básicas.

Do lado da Museologia, um critério básico para a exposição do notável patrimônio; do lado do Urbanismo, a implantação no recinto monumental, amparada no projeto governamental "Belém Redescoberta".

Na Museologia, o projeto adota um critério centrado na idéia da preservação definitiva, para sempre, do tesouro guardado e a um só tempo visitado. Considerada a visita sob todas as formas possíveis de desdobramentos quanto à memória histórica, enquanto construção intelectual no tempo. Arte e técnica em constante andamento. Exposições e oficinas, cenários cambiáveis. Som e imagens virtuais associadas aos artefatos originais.

No Urbanismo, uma disposição espacial empenhada na integridade do recinto, principalmente no caminhar da população turística já presente e certamente ampliada com a nova vitalidade que surge.

É de se notar aqui, dois eventos: a passagem aérea de pedestres presumida, na seqüência da Calçada da Ajuda até aos jardins junto ao Tejo, no ancoradouro (transpondo a Av. da Índia, Av. Brasília, ferrocarril) e o conjunto de edificações preservadas (Belém Redescoberta) ao longo da Rua da Junqueira confrontando aos fundos com a área do Museu, antiga Rua Cais da Alfândega Velha, com grande encanto para o lugar.

Estimula a iniciativa do pequeno comércio local e particular. São estas as raízes do Projeto que agora, junto aos desenhos e imagens do modelo, estamos apresentando.

Não se trata de subestimar o programa estabelecido com todas as suas funções e áreas determinadas, bem como os horizontes da verba destinada para o empreendimento. Estes são dados, digamos, inquestionáveis.

Como se vê, a construção está proposta de modo dual: pavilhão principal, nave suspensa para as exposições e um edifício anexo com recepção, administração, restaurante, auditório e amparando estrategicamente a tomada, em rampas, para a passagem pública de pedestres até o Tejo. Esta peculiar disposição espacial cria um pórtico com

A project for the new Coach Museum facilities immediately raises two basic architectural questions. The first concerns museology: how to create a building to exhibit this remarkable heritage. The second is about urbanism, how to implant the building in the monumental grounds, as part of the government project *Belém Redescoberta (Rediscovering Belém)*.

In terms of museology, the project focuses on enabling the collection to be visited whilst, at the same time, preserving it in perpetuity. The visit is seen in terms of all possible forms of historic memory, as an intellectual construct in time. Art and technique are in a state of constant progress. Exhibits and workshops, interchangeable scenarios. Sound and virtual images are associated with the original artefacts.

Regarding urbanism, the spatial arrangement focuses on the integrity of the site, particularly in terms of the tourist traffic that is already circulating and is almost certain to grow as a result of the new vitality that the project will bring to the area.

There are two important considerations here. It is presumed that pedestrians will proceed overhead along Calçada da Ajuda, up to the gardens by the River Tagus and onwards to the docks (beyond Av. da Índia, Av. Brasília and the rail tracks). Secondly, the group of preserved buildings (*Rediscovering Belém*) runs along Rua da Junqueira and abuts the back of the Museum area (the former Rua Cais da Alfândega Velha), adding great charm to the site.

The project will stimulate small, local and private commerce. This is what lies at the heart of the project, whose designs and images we are now presenting.

It is not that the established programme, with all its functions and determined areas, or the scope of the funds allocated to the project are being underestimated. That is all unquestionable.

There is a duality to the construction: the main pavilion, with a suspended nave for exhibits, and a secondary one attached to it. The latter contains a reception area, administrative offices, restaurant and an auditorium. It also plays a strategic role by allowing pedestrians to walk, via ramps, all the way to the Tagus. This unique spatial arrangement, plus

a ligação aérea entre os dois edifícios de entrada para a pequena praça interna, um largo, para onde se voltam, (uma nova frente) as construções preservadas na Rua da Junqueira agora abertas para o recinto na forma, eventualmente, de pequenos cafés, livrarias... no que era a Rua Cais Alfândega Velha, interessante recomposição da mesma coisa. Seria de se notar as cotas destes espaços e sua interlocução na dinâmica dos passantes, por dentro e por fora do que é, na totalidade, o Museu enquanto um lugar público. Rigorosamente protegido e imprevisivelmente aberto.

Adotou-se, além das escadas de segurança exigidas por lei, todo o acesso feito através de elevadores especiais, hidráulicos, que asseguram o controle da capacidade dos espaços expositivos. Foi dada ênfase especial à parte da segurança e à do conforto e apoio aos funcionários do Museu. Para as crianças, fica reservada uma área especial na esplanada térrea do Museu com um jardim na fachada leste e junto ao pavilhão de acesso dos visitantes às exposições. Na face oposta voltada para a Praça Afonso Albuquerque, na mesma esplanada pública térrea, fica uma grande cantina com caráter popular, aberta e com mesas também nas calçadas.

Gostaríamos ainda que fosse notada a ligação aérea entre o recinto das exposições e a administração, com uma vista para o Tejo, muito útil para os serviços em geral, para a política de segurança. E as amplas visuais, do Restaurante elevado, para o lado do Atlântico, dos Jerônimos, da Administração voltada para o Estuário, para o largo interno, os jardins do Museu.

A construção fica definida pelo afloramento das fundações em concreto armado, com relativa concentração de cargas como recomendam as condições do solo, onde se apóiam as treliças metálicas revestidas, configurando as grandes paredes do Museu.

Para os estacionamentos excluímos a solução subterrânea, devido às águas de subsolo, drenagem da esplanada e movimentação de terras com parco aproveitamento final e prejuízo da tranqüilidade do recinto. Sugerimos o estacionamento elevado, proposto junto às barcas, com capacidade para 400 veículos e pequena ocupação no território. Este poderia ainda ser repetido oportunamente enquanto protótipo no projeto "Belém Redescoberta".

O exame dos desenhos e modelo podem esclarecer melhor estas breves notas.

São Paulo, 28 de Maio de 2008.

the overhead walkway, creates a gateway giving access to a small inner square, where the preserved buildings in Rua da Junqueira turn in (and create a new façade) that now opens onto the Museum site, possibly in the form of small cafés, bookshops... in what used to be Rua Cais Alfândega Velha, an interesting remodelling of the same thing. It is remarkable how the elevation of these spaces dialogues with the dynamics of the passers-by, both inside and out of the museum. This dialogue makes the museum, as a whole, a public place: at once rigorously protected and surprisingly open.

Special hydraulic lifts provide access throughout the buildings (in addition to the safety stairs required by law) and ensure that the capacity of the exhibition spaces can be controlled. Special attention has been paid to security and the comfort and facilities of the museum staff. Children are provided with a special area in the museum's ground floor esplanade, with a garden at the east façade next to the pavilion through which visitors go to the exhibits. On the opposite side, facing the Afonso Albuquerque square, in the same ground floor esplanade, there is a large, friendly café, opening onto the street.

The overhead walkway between the exhibition space and the administrative area, overlooking the Tagus, is particularly noteworthy: a useful space in terms of general services and security. The elevated restaurant offers panoramic views, towards the Atlantic side, of Jerónimos, while the administrative offices overlook the estuary, the inner square and the museum gardens.

The construction sits on outcropped reinforced concrete foundations that bear the relative load concentration recommended for the ground conditions. These support the lined metallic trellises shaping the large museum walls.

Underground parking has been excluded from the project because of the water table, esplanade drainage and the volume of earth that would be displaced, disturbing the peacefulness of the area and of little real advantage. The suggested solution is a raised car park, near the boats, for a total of 400 vehicles, and which only occupies a small part of the site. This could even be opportunely repeated as a prototype in the *Rediscovering Belém* project.

Examining the drawings and models will clarify this better than these brief notes.

São Paulo, 28th May 2008.

Alguém disse sobre o edifício da FAU (1966-1969): "Por dentro é uma maravilha, mas por fora é uma fortaleza." O arquitecto acrescentou: "Eu pensei que aquilo tinha de ser um prédio que não tivesse a menor concessão a nenhum barroquismo; que tivesse insinuações de uma extrema finura, para dizer que partia de um bloco inerme."

Poderíamos introduzir a arquitectura do Museu dos Coches com a explicação do arquitecto Vilanova Artigas, referência maior de Paulo Mendes da Rocha, sobre o edifício mais importante da escola Paulista de Arquitectura, a FAU – Faculdade de Arquitectura e Urbanismo da Universidade de São Paulo. Poderíamos, também, pensar a relação Europa vs. América, clássico e moderno, memória e raízes, peso e suspensão, elevação, nudez e transparência, contradição. Ou, então, poderíamos partir da ideia de que estamos irremediavelmente ancorados na memória e que essa memória, em arquitectura, seria expressão plástica e visual e, nesse momento, iria certamente escapar-nos muito sobre esta arquitectura. Talvez a recolha da âncora seja essencial para nos libertarmos dos barroquismos de que fala Artigas. E isso far-nos-á mover em frente, olhar o mundo, a cidade, pensar de novo.

Por outro lado, a âncora pode ser lida como raízes, fundamentais à sustentação da arquitectura. E, então, essa mesma sustentação que se manifesta naturalmente oculta no subsolo, difere da sua confrontação visível, no que talvez fosse uma procura de legitimação. No princípio da arquitectura as raízes são causas, moral; não são forma mas enformam. Em Paulo Mendes da Rocha, a arquitectura toma ideias concretas – causas que, engendradas na técnica, manifestam o olhar novo. Segui-las implica fazer subir a âncora para nos movermos. A isto podemos chamar, tão somente, modernidade – mover o mundo.

Este livro convoca três autores na procura desse entendimento. Ana Vaz Milheiro dá-nos o enquadramento disciplinar e cultural decisivo. Gonçalo M. Tavares percorre e questiona o edifício como autor exterior à arquitectura. A fotografia surge não como procura do visível, mas como forma de perscrutar a arquitectura, o que se sente e o que se move através dela.

Someone once said about the FAU building (1966-1969): "Inside it's a wonder, but outside it's a fortress." The architect added: "I thought it had to be a building that did not make the slightest concession to any baroquism; that had hints of an extreme fineness, showing that it came from a harmless block."

We could introduce the architecture of the Coach Museum with this explanation by architect Vilanova Artigas, Paulo Mendes da Rocha's major influence, when talking about the Paulista School of Architecture's most important building, FAU – the Faculty of Architecture and Urbanism of the University of São Paulo. We could also think about Europe vs America, classic and modern, memory and roots, weight and suspension, elevation, nakedness and transparency, contradiction. Or, we could take up the idea that we are hopelessly anchored in memory and that in architecture that memory would be plastic and visual expression and, at that moment, much would certainly escape us concerning this architecture. Perhaps raising the anchor is essential to free us from the baroquisms Artigas mentioned. And that would move us forward, looking at the world, the city in a new way.

On the other hand, the anchor can be seen as roots, fundamental in sustaining architecture. And then that same support that naturally manifests itself hidden in subsoil, differs from a visible confrontation, in what would be perhaps a search for legitimacy. At the source of architecture, roots are causes, moral; they are not form but conform.

In Paulo Mendes da Rocha, architecture takes concrete ideas – causes, that founded in technique, manifest a new perspective. Following them implies raising the anchor to move on. This we can only call modernity – moving the world.

This book has invited three authors in search for understanding. Ana Vaz Milheiro gives us a crucial disciplinary and cultural framework. Gonçalo M. Tavares goes through the building and questions it; as an author from outside the field of architecture. Photography appears not as a search for the visible, but as questioning architecture on what feels and moves through it.

Materiais / Materials

EDIFÍCIO DE EXPOSIÇÕES / EXHIBITION BUILDING

Estrutura / Structure
Paredes / Walls
   Piso 1 / 1st floor
Paredes Viga triangulada metálica com 12m de altura sobre
3 pilares afastados 42m entre si. Escadas e elevadores de serviço em betão branco armado aparente (200mm espessura,
estereotomia 2,5×1,25m).
39ft 4.4in high triangulated metal wall beam on three pillars
spaced 138ft apart. Stairs and service elevators in reinforced
white concrete (0.78in thick, stereotomy 8ft 2.4in × 4ft 1.2in).
   Piso 0 / Ground floor
Betão cinzento armado à vista pintado à cor de tijolo (estereotomia de cofragem 1,25×3m, espessura betão 0,20m) (execução
FCM-Construções).
Exposed reinforced grey concrete painted brick colour
(formwork stereotomy 4ft × 9ft 10in, thickness of concrete
7.87in) (FCM-Construções execution).

Apoios / Supports
Pilares circulares de betão cinzento à vista (1,80m diâmetro).
Apoio deslizante no topo para suporte da parede-viga em
estrutura metálica.
Circular grey concrete columns exposed (5ft 10in diameter).
Sliding support at the top to support the steel wall-beam
structure.

Laje Piso 1 / 1st floor slab
Sistema de vigas transversais trianguladas (afastadas 5,25m)
recebendo madres (afastadas 2,25m), chapa de aço perfilada,
isolamento térmico e laje de betão armado (0,15m espessura).
Triangulated transverse beam system (17ft 2.6in apart) with hori-
zontal supporting beams (7ft 4.5in apart), of profiled steel sheet,
thermal insulation and reinforced concrete slab (5.9in thick).
Pavimento / Paving
Laje de betão cinzento polido com aplicação de selante
à base de lítio (pavimento contínuo sem juntas).
Polished grey concrete slab using lithium based sealant
(continuous paving without joints).

Cobertura / Roof
Sistema sanduíche composto por chapa estrutural inferior,
camada de isolamento térmico e acústico, perfil exterior.
Sandwich system composed of a lower structural plate, a layer
of thermo-acoustic insulation and an outer profile.

Forro / Sheathing
Paredes / Walls
   Exterior / Exterior
Placa de cimento portland (Knauf aquapanel outdoor), mem-
brana de impermeabilização (Knauf tyvek stucco wrap), malha
superficial em tecido reforçado 160g, reboco superficial de
cimento portland com cargas minerais e resinas sintéticas de
cor branco, impregnação exterior GRC de microemulsão silo-
xánica, revestimento de estrutura fina e pintura lisa de base
aquosa cor branca.
Portland cement board (Knauf aquapanel outdoor), waterproof-
ing membrane (Knauf Tyvek stucco wrap), 160g reinforced
fabric surface mesh, white portland cement surface plaster with
mineral fillers and synthetic resins, GRC micro-emulsion silox-
ane outdoor impregnation, fine structural coating and a coat of
smooth water-based white paint.
   Interior / Interior
Gesso cartonado 30mm 15+15 (Knauf corta-fogo rf (tipo df)
+ impregnado (tipo H)). Tinta aquosa mate cor branco.
1.2in 0.6+0.6 plasterboard (Knauf rf fireguard (df type)
+ impregnated (type H)). Matt water-based white paint.

Aduelas, portas e topos / Casings, doors and wall tops
Chapa metálica pintada à cor branca.
Sheet metal painted white.

Tecto / Ceiling
Gradil metálico suspenso branco pintado de 5cm de espessura
(quadrados de 10cm) em placas de 2,70×1,10m. Instalações
à vista sobre o gradil.
Suspended metal grate painted white, 2in thick (4in squares)
in 8ft 10in × 3ft 7.3in plates. Facilities in sight above the grate.

Elevadores de acesso ao piso de exposições /
Lifts to the exhibition floor
Feito à medida (Liftech), capacidade 75 pessoas.
Made to measure (Liftech), 75 person capacity.

EDIFÍCIO ANEXO / ANNEX BUILDING

Estrutura / Structure
Estrutura porticada de betão pré-esforçado aparente cinzento
(espessura 0,80m; estereotomia 2,50×1,25m) sobre a qual se
apoiam duas caixas de aço e vidro. Viga treliçada metálica com
43,40×5,60m apoiada no pórtico de betão armado.
Prestressed grey concrete portico (2ft 7.5in thick; stereotomy 8ft
2.4in × 4ft 1.2in) supporting two steel and glass boxes. Latticed
metal beam (142ft 4.7in × 18ft 4.47in) supported on reinforced
concrete portico.

Clarabóia / Skylight
Grelha estrutural aberta de vigas em forma de "v" soldadas
e pintadas de cor branca. Abertura da gelha inferior 2,25m,
superior 1,20m, altura 0,80m. Abertura superior encerrada
com vidro.
Structural grid of welded open v-shaped metal beams painted
white. The beams have a lower width of 7ft 4.5in, and upper
width of 3ft 11.2in with a height of 2ft 7.5in. The upper opening
is covered in glass.

Auditório / Auditorium
Paredes interiores / Interior walls
Elementos pré-fabricados de betão perfurados para controlo
acústico nas suas costas.
Pre-holed prefabricated concrete panels with soundproofing
behind.
Paredes exteriores / Exterior walls
Betão armado (0,30m espessura; estereotomia 2,50×1,25m)
à vista pintado a cor-de-rosa.
Reinforced concrete (11.8in thick; stereotomy 8ft 2.42in × 4ft
1.2in) using pink paint.

Pavimento piso térreo / Ground floor paving
Cubo de pedra granito aparelhado (no exterior), serrado
(no interior).
Cut granite cube (exterior), serrated (interior).

Cobertura / Roof
Vigas de betão armado cinzento pré-fabricadas.
Prefabricated reinforced grey concrete beams.

Espelho de água / Water mirror
Gravilha preta, 10cm de água.
Black gravel, 4in of water.

Dimensões / Dimensions

Área total construída / Floor area
16.170m² 174.052sq ft
Área total espaço público / Total public space area
16.500m² 174.052sq ft
Área do lote / Plot area
19.000m² 174.052sq ft

PAVILHÃO DE EXPOSIÇÕES / EXHIBITION PAVILION

Comprimento total / Overall length
126m 413ft
Largura / Width
48m 157ft
Altura do edifício / Building height
16,5m 54ft
Pé direito sob edifício / Height under building
4,50m 15ft
Área edificio / Building area
10.800m² 116.250sq ft
Área Piso 0 / Ground Floor area
2.800m² 30.139sq ft
Área Piso 1 / 1st Floor area
5.500m² 59.202sq ft
Área Piso 2 / 2nd Floor area
1.380m² 14.854sq ft
Área de Exposição Permanente / Permanent exhibition area
4 350m² 46.823sq ft
Área de Exposição Temporária / Temporary exhibition area
215m² 2.314sq ft
Naves de exposição / Exhibition aisles
Pé direito / Internal height
8,28m 27ft 2in
Largura / Width
17,25m 57ft
Estrutura / Structure
Vão entre apoios / Span between supports
42m 138ft
Testa metálica estrutural / Structural steel fascia
0,50m 1ft 7.7in

EDIFÍCIO ANEXO / ANNEX BUILDING

Largura e comprimento / Width and length
46×46m 150ft
Área total / Total area
2.650m² 2.8524sq ft
Auditório / Auditorium
Largura e comprimento / Width and length
21×21m 68ft 11in
Altura / Height
8,50m 27ft 10.6in
Área Auditório / Auditorium Area
420m² 4.521 ft
Lotação Auditório / Auditorium capacity
340 pessoas 340 people
Volumes suspensos
Dimensões / Dimensions
45×11×5m cada 148×36×16ft each
Área Restaurante / Restaurant area
460m² 4.951sq ft
Área Administração / Admnistration area
440m² 4.736sq ft
Passagem pedonal / Pedestrian walkway
Comprimento / Lenght
370m 1.214ft
Largura / Width
3 m 9ft 10in

Ficha de Projecto / Project Factsheet

Autoria / Authorship
Paulo Mendes da Rocha, MMBB, Bak Gordon Arquitectos,
Afaconsult

Arquitectura / Architecture
Paulo Mendes da Rocha, Fernando de Mello Franco,
Marta Moreira, Milton Braga and Ricardo Bak Gordon

Arquitectura Coordenação / Construction Coordinator
Nuno Tavares da Costa

Colaboração / Collaborators
Edison Hiroyama, Giovanni Meirelles, José Paulo Gouvêa,
Luís Pedro Pinto, Pedro Serrazina, Marina Sabino,
Nuno Velhinho, Rui Cancela, Sónia Silva, Vera Higino,
Walter Perdigão

Engenharia / Engineering
Afaconsult

Engenharia Coordenação / Engineering Coordination
Rui Furtado, Armando Vale

Especialidades / Specialists
Rui Furtado, Armando Vale, Filipe Arteiro, Miguel Pereira (Fundações e Estruturas / Foundations and Structures),
Marta Peleteiro, Paulo Silva (Instalações Hidráulicas e de Gás /
Hydraulics and Gas Installations), Luís Oliveira (Instalações
Eléctricas, Telecomunicações e Segurança / Electrical Installations, Telecommunications and Safety), Bruno Henriques,
Luísa Vale, Marco de Carvalho (Instalações Mecânicas /
Mechanical Installations), Isabel Sarmento (Certificação Energética / Energy Certification), dBLab – Alexandre Correia Lopes,
Rui Ribeiro, Rodrigo Tomaz (Acústica / Acoustics), Proap
(Paisagismo / Landscaping), Nuno Sampaio Arquitectos
(Projecto Expositivo / Exhibition Project), António Queirós
Design (Sinalética / Signage)

Localização / Location
Belém, Lisboa / Lisbon, Portugal

Cliente / Client
Estado Português / The Portuguese Government
(Frente Tejo)

Construção / Constructor
Mota-Engil / Martifer / FDO

Data / Date
Obra / Works
2012–2013
Inauguração / Opening
05/2015

Lista de Obras seleccionadas / Selected List of Works

Esta lista pretende identificar um conjunto de obras chave para o entendimento deste edifício no contexto da obra do autor. Para uma lista completa consultar em Rosa Artigas (ver Bibliografia Seleccionada).
This short list aims to identify a set of key works that contribute to the understanding of this particular building in terms of the author's work as a whole. An extensive list of works will be found at Rosa Artigas (see Selected Bibliography).

Ginásio do Clube Atlético Paulistanos, São Paulo, Brasil (1958)
Paulistano Athletic Club Gymnasium, São Paulo, Brazil

Sede Social do Jóquei Clube de Goiás, Goiânia, Brasil (1962)
Goiàs Jockey Club Social Centre, Goiânia, Brazil

Casa Paulo Mendes da Rocha, São Paulo, Brasil (1964)
House Paulo Mendes da Rocha, São Paulo, Brazil

Pavilhão do Brasil em Osaka, Osaka, Japão (1969)
Brazilian Pavilion in Osaka, Osaka, Japan

Projecto Centro Cultural Georges Pompidou, Paris, França (1971)
Project George Pompidou Cultural Centre, Paris, France

Projecto Museu de Arte Contemporânea da Universidade de São Paulo, Brasil (1975)
Project University of São Paulo Museum of Contemporary Art, São Paulo, Brazil

Loja Forma, São Paulo, Brasil (1987)
Forma store, São Paulo, Brazil

MuBE Museu Brasileiro de Escultura, São Paulo, Brasil (1988)
Brazilian Museum of Sculpture, São Paulo, Brazil

Casa Gerassi, São Paulo, Brasil (1989)
Gerassi House, São Paulo, Brazil

Projecto Aquário Municipal de Santos, Santos, Brasil (1991)
Project Santos Municipal Aquarium, Santos, Brazil

Centro Cultural FIESP, São Paulo, Brasil (1996)
FIESP Cultural Centre, São Paulo, Brazil

Projecto Centro de Coordenação Geral do SIVAM, Brasília, Brasil (1998)
General Coordination Centre of the SIVAM, Brasília, Brazil

Poupatemo Itaquera, São Paulo, Brasil (1998)
Itaquera Poupatempo Public Service Centre, São Paulo, Brazil

Projecto Praça dos Museus da Universidade de São Paulo, Brasil (2000)
Project University of São Paulo Museum Square, São Paulo, Brazil

Escola Parque Arte e Ciência, Santo André, Brasil (2003)
School Park of the Arts and Sciences, Santo André, Brazil

Capela de Nossa Senhora da Conceição, Recife, Brasil (2005)
Our Lady of Conception's Chapel, Recife, Brazil

Cais das Artes, Vitória, Brasil (2007–)
Quay of Arts, Vitória, Brazil

Projecto Axel Springer, Berlim, Alemanha (2013)
Project Axel Springer, Berlin, Germany

Bibliografia seleccionada / Selected Bibliography

Esta lista pretende identificar um conjunto preciso de referências. Bibliografias completas podem ser encontradas em Rosa Artigas e Daniele Pisani (ver abaixo).
This list provides particular references. Extensive bibliographies will be found at Rosa Artigas and Daniele Pisani (see below).

Ana Vaz Milheiro, *A construção do Brasil: Relações com a cultura arquitectónica portuguesa*, FAUP Publicações, Porto, 2005.

Daniele Pisani (ed.), **Leonardo Finotti** (photo.), *Paulo Mendes da Rocha: tutte le opere*, Electa architettura, Milano, 2013.

Daniele Pisani (ed.), *Paulo Mendes da Rocha: Complete Works*, Francesco Dal Co (txt), Rizzoli, New York, 2015.

Francesco Dal Co (dir.), *Casabella Rivista Internazionale di Architectura*, nº. 851–852, Electa, Milano, 2015.

Guilherme Wisnik (ed.), *Paulo Mendes da Rocha: Obra recente / Recent Work 2G*: International Architecture Review Series, nº. 45, Editorial Gustavo Gili, Barcelona, 2008.

Henrique E. Mindlin, *Modern architecture in Brazil*, S. Giedion (txt), Colibris, Rio de Janeiro, 1956.

Inês Lobo (ed.), *Lisbon Ground*, Catálogo da Representação Oficial Portuguesa na 13ª. Mostra Internazionale di Architettura Biennale di Venezia, Direcção Geral das Artes, Lisboa, 2012.

João Vilanova Artigas, *Vilanova Artigas*, Brazilian Architects Series, Instituto Lina Bo e P.M. Bardi e Fundação Vilanova Artigas, Editorial Blau, Lisboa, 1997.

Julián Santos Guerrero, Gonçalo M. Tavares, Paulo Mendes da Rocha, *Pensar a Casa*, Conferências da Casa 1, Casa da Arquitectura, Matosinhos, 2011.

Manuel Graça Dias, *Ao volante, pela cidade: Paulo Mendes da Rocha*, Relógio de Água, Lisboa, 2014.

Paulo Mendes da Rocha, "A cidade para todos. The city for all", *Paulo Mendes da Rocha*, Rosa Artigas (ed.), Paulo Mendes da Rocha e Guilherme Wisnik (txt), volume 1, Cosac Naify, São Paulo, 2002, pp. 171–177.

Paulo Mendes da Rocha, Josep Maria Montaner, María Isabel Villac, *Mendes da Rocha*, GG, Barcelona, 1996.

Paulo Mendes da Rocha, *La ciudad es de todos*, Luís Martínez Santamaría e José M. García del Monte (dir.), La cimbra, n. 9, Fundación Caja de Arquitectos, Barcelona, 2011.

Paulo Mendes da Rocha, *Maquetes de Papel*, Cosac Naify, São Paulo, 2002.

Philip L. Goodwin (ed.), **G. E. Kidder Smith** (photo), *Brazil Builds : Architecture New And Old*, 1652-1942, [*Construção Brasileira: Arquitectura Moderna e Antiga, 1652–1942*], The Museum of Modern Art, New York, 1943.

Rosa Artigas (ed.), *Paulo Mendes da Rocha*, Paulo Mendes da Rocha e Guilherme Wisnik (txt), volume 1 e 2, Cosac Naify, São Paulo, 2002.

Vitor Abrantes (dir.), *Cadernos D' Obra n.º 4 – Museu dos Coches*, Gequaltec, Porto, 2013.

Paulo Mendes da Rocha

(n. 1928, Vitória, Brasil), arquitecto. Considerado um dos mais talentosos arquitectos contemporâneos, Paulo Mendes da Rocha é figura cimeira da escola paulista, a par com o arquitecto Vilanova Artigas (1915–1985). As suas obras são uma incessante procura de modernidade, de "desatar o nó esquizofrénico da divisão entre arquitectura e cidade, arte e técnica, arte e ciência".

Em 2006, recebe o reconhecimento internacional com a atribuição do Pritzker Architectural Prize pelo conjunto da sua obra. O Museu Nacional dos Coches é a sua primeira obra fora do Brasil, depois do Pavilhão de Osaka em 1970, que se abre agora ao Tejo, a Lisboa, e ao mundo europeu.

Com vários projectos vencedores em concursos públicos, é autor do Pavilhão do Brasil na Expo 70, em Osaka, Japão; finalista premiado no concurso para o anteprojecto do Centro Cultural Georges Pompidou, em Paris (1971); autor do projecto para a nova sede do Museu de Arte Contemporânea da Universidade de São Paulo (1975); da loja Forma em São Paulo (1987); do Museu Brasileiro da Escultura – MuBE (1987–1992) em São Paulo; da restruturação do mais antigo museu de Belas Artes paulista, a Pinacoteca do Estado (1993), pela qual recebeu o Prémio Mies van der Rohe (2000); e do projecto do Museu da Língua Portuguesa em São Paulo (2006).

(b. 1928, Vitória, Brazil), architect. Considered one of the most talented contemporary architects, Paulo Mendes da Rocha is a major name in the Paulista School, alongside Vilanova Artigas (1915–1985). His work is an endless search for modernity, to "untie the schizophrenic knot in the division between architecture and city, art and technique, art and science".

In 2006, he gained international recognition when awarded the Pritzker Architectural Prize for his work as a whole. The National Coach Museum, his first work outside Brazil since the Osaka Pavilion in 1970, is now open to the Tagus, to Lisbon, and to the European world.

He has won various tender projects. In addition to the Brazilian Pavilion for Expo 70, in Osaka, Japan, he was an award-winning finalist for the preliminary draft of the Georges Pompidou Cultural Centre, in Paris (1971). He designed the new main building of the São Paulo University Museum of Contemporary Art (1975); as well as the Forma Furniture showroom (1987) and the Brazilian Museum of Sculpture – MuBE (1987–1992), both also in São Paulo. He restored the oldest Fine Arts museum in the same city, the State Pinacotheque (1993), for which he won the Mies van der Rohe Award (2000); and, in 2006, he designed the Museum of the Portuguese Language, in São Paulo.

João Carmo Simões

(n. 1987, Lisboa, Portugal), arquitecto. Como afirmou o curador João Pinharanda: "O seu olhar revela uma intensa sensibilidade poética. Do confronto de realidades construtivas absolutamente diversas que a sua visão integra, resulta uma rara leitura crítica da cidade e dos seus protagonistas." Mestre em Arquitectura Da/UAL Lisboa (2011), Prémio Secil Arquitectura Universidades (2010). Autor de vários projectos de arquitectura e de investigações em arquitectura através da imagem. Alvo de publicação e de exposições internacionais, foi conferencista na Faculdade de Arquitectura da Universidade do Porto (FAUP), Da/UAL, ISCTE–IUL, e participou na representação Brasileira na 15ª Bienal de Arquitectura de Buenos Aires.

(b. 1987, Lisbon, Portugal), architect. As the curator João Pinharanda stated: "His look expresses an intense poetic sensibility. The confronting of diverse constructive realities, that his vision integrates, results in a rare critical view of the city and its protagonists." Master degree in Architecture from Da/UAL Lisbon (2011), awarded with Secil Award Universities Architecture (2010). He has designed various projects and researched into architecture through the image. Subject of publications and international exhibitions, has lectured at the Faculty of Architecture of Oporto University (FAUP), Da/UAL, ISCTE–IUL, and was part of the Brazilian representation at the 15th Buenos Aires Architecture Biennial.

Gonçalo M. Tavares

(n. 1970, Luanda, Angola), escritor português. O prémio Nobel José Saramago, no discurso de atribuição do prémio ao romance *Jerusalém*, disse: "Gonçalo M. Tavares não tem o direito de escrever tão bem apenas aos 35 anos: dá vontade de lhe bater!". Entre poesia, romance e ensaio, estão em curso mais de 200 traduções em 35 línguas, com edição em 48 países. Recebeu vários prémios de entre os quais o Prémio José Saramago 2005 e o Prémio LER/Millennium BCP 2004, (*Jerusalém*), Prémio Portugal Telecom 2007 Brasil (*Uma Viagem à Índia*), Prix du Melleur Livre Étranger 2010 e Finalista do Prix Médicis 2010 (*Aprender a Rezar na Era da Técnica*).

(b. 1970, Luanda), Portuguese writer. In his speech at an award ceremony for *Jerusalem*, the Nobel Prize laureate, José Saramago said: "Gonçalo M. Tavares has no right to write so well at only 35 years old: it makes you want to punch him!" His poetry, novels and essays have been or are being translated into 35 different languages and published in 48 countries: amounting to over 200 translations. Gonçalo M. Tavares has received various awards and prizes, including: the Prémio José Saramago 2005 and the Prémio LER/Millennium BCP 2004, (for *Jerusalem*), the Prémio Portugal Telecom 2007 (*A Journey to India*), the Prix du Melleur Livre Étranger 2010 and was a Finalist in the Prix Médicis 2010 (*Learning to Pray in the Age of Technique*).

Ana Vaz Milheiro

(n. 1968, Lisboa, Portugal), arquitecta. É umas principais figuras da crítica de arquitectura da sua geração em Portugal. Prémio de Crítica e Ensaio de Arte e Arquitectura da Associação Internacional de Críticos de Arte (AICA), em 2012. Professora de História e Teoria da Arquitectura Contemporânea, doutora-se na Universidade de São Paulo FAU–USP, Brasil (2004) com a tese *Imenso Portugal – Culturas Arquitectónicas Portuguesa e Brasileira*. A perseguição de uma ideia de arquitectura portuguesa tem-na levado quase sempre para fora de portas, aos diálogos de uma identidade cujo centro é disperso e temperado. Publicou, entre outros, *Nos Trópicos sem Le Corbusier, arquitectura luso-africana no Estado Novo* (Relógio d'Água, 2012) e *A minha casa é um avião* (Relógio d'Água, 2007).

(b. 1968, Lisbon, Portugal), architect. She is one of the main figures in architectural criticism of her generation in Portugal. In 2012, she won the Art and Architecture Critics and Essay Award from the International Association of Art Critics (AICA). A lecturer in History and Theory of Contemporary Architecture, she took her doctorate at São Paulo University FAU–USP, Brazil (2004) with the dissertation *Imenso Portugal – Culturas Arquitectónicas Portuguesa e Brasileira* (*Immense Portugal – Portuguese and Brazilian Architectural Cultures*). The pursuit of an idea of Portuguese architecture has nearly always taken her out of doors, into dialogues of an identity whose centre is disperse and tempered. She has published, among other, *Nos Trópicos sem Le Corbusier, arquitectura luso-africana no Estado Novo* (*In the Tropics without Le Corbusier, Luso-African architecture in the Estado Novo*) (Relógio d'Água, 2012) and *A minha casa é um avião* (*My house is an airplane*) (Relógio d'Água, 2007).

Daniela Sá

(n. 1984, Portalegre, Portugal), arquitecta. Docente de História da Arquitectura Moderna na Faculdade de Arquitectura da Universidade do Porto (FAUP). Investigadora na área da Teoria e da História da Arquitectura e conferencista sobre cruzamentos disciplinares em Arquitectura, em particular na relação entre o Texto e o Projecto: IF–FLUP – Instituto de Filosofia da Faculdade de Letras da Universidade do Porto, CEAA – ESAP, Departamento de Arquitectura da TU–Delft na Holanda, e FAUP.

(b. 1984, Portalegre), architect. She lectures History of Modern Architecture at the Faculty of Architecture of Oporto University (FAUP). A researcher in the Theory and History of Architecture, she has lectured on cross-disciplinarity in Architecture, especially regarding Text and Project: IF–FLUP – Institute of Philosophy of the Faculty of Letters of Oporto University, CEAA – ESAP, the Department of Architecture at TU–Delft in The Netherlands, and FAUP.

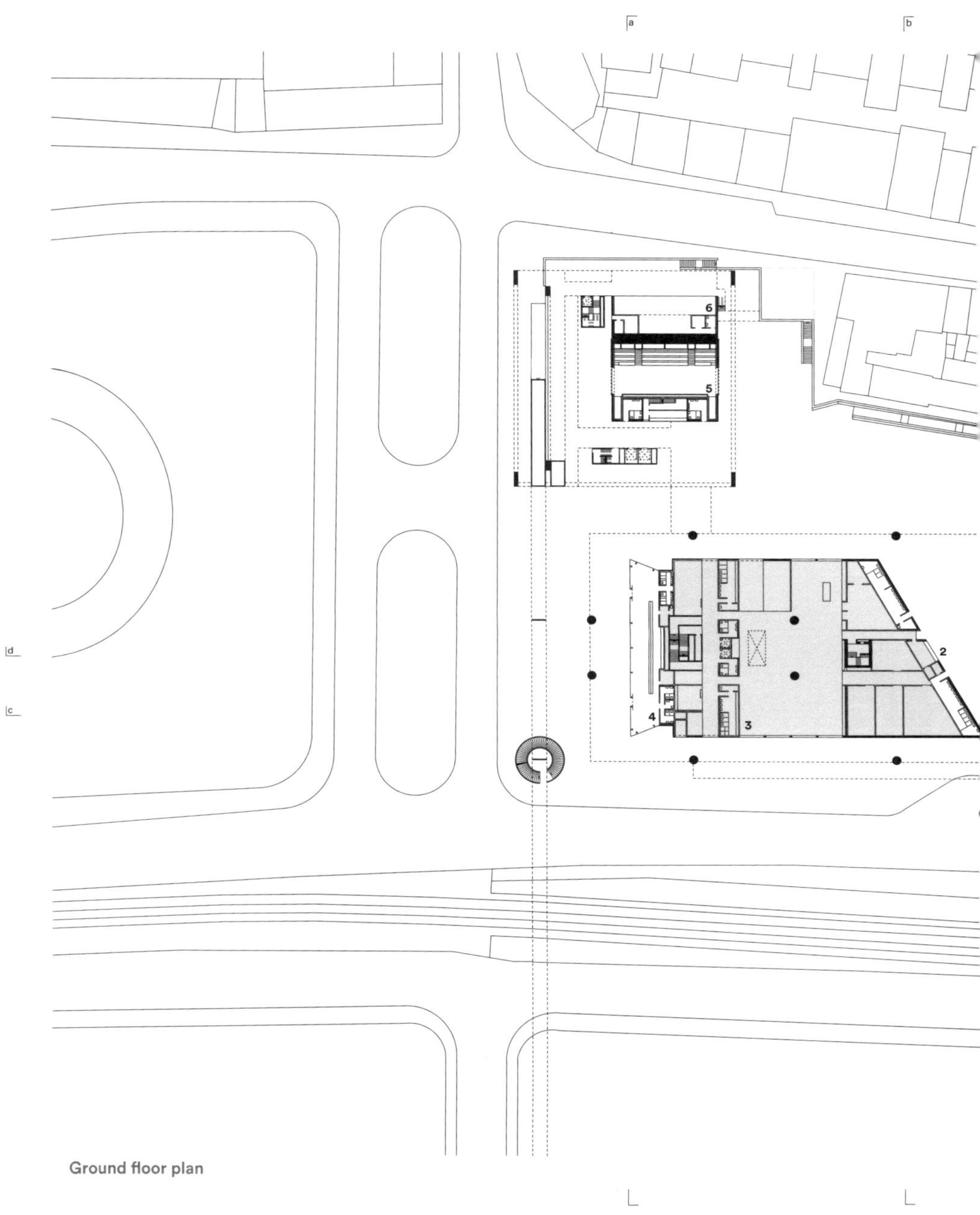

Ground floor plan

1. **Foyer/Loja** / Foyer/Shop
2. **Bilheteira** / Ticket office
3. **Oficinas e Acervo** / Workshops and Deposits
4. **Cantina** / Canteen
5. **Auditório** / Auditorium
6. **Loja** / Shop

7. **Exposição permanente** / Permanent exhibition
8. **Exposição temporária** / Temporary exhibition
9. **Monta-cargas** / Service lift
[5]. **vazio sobre Auditório** / empty over Auditorum

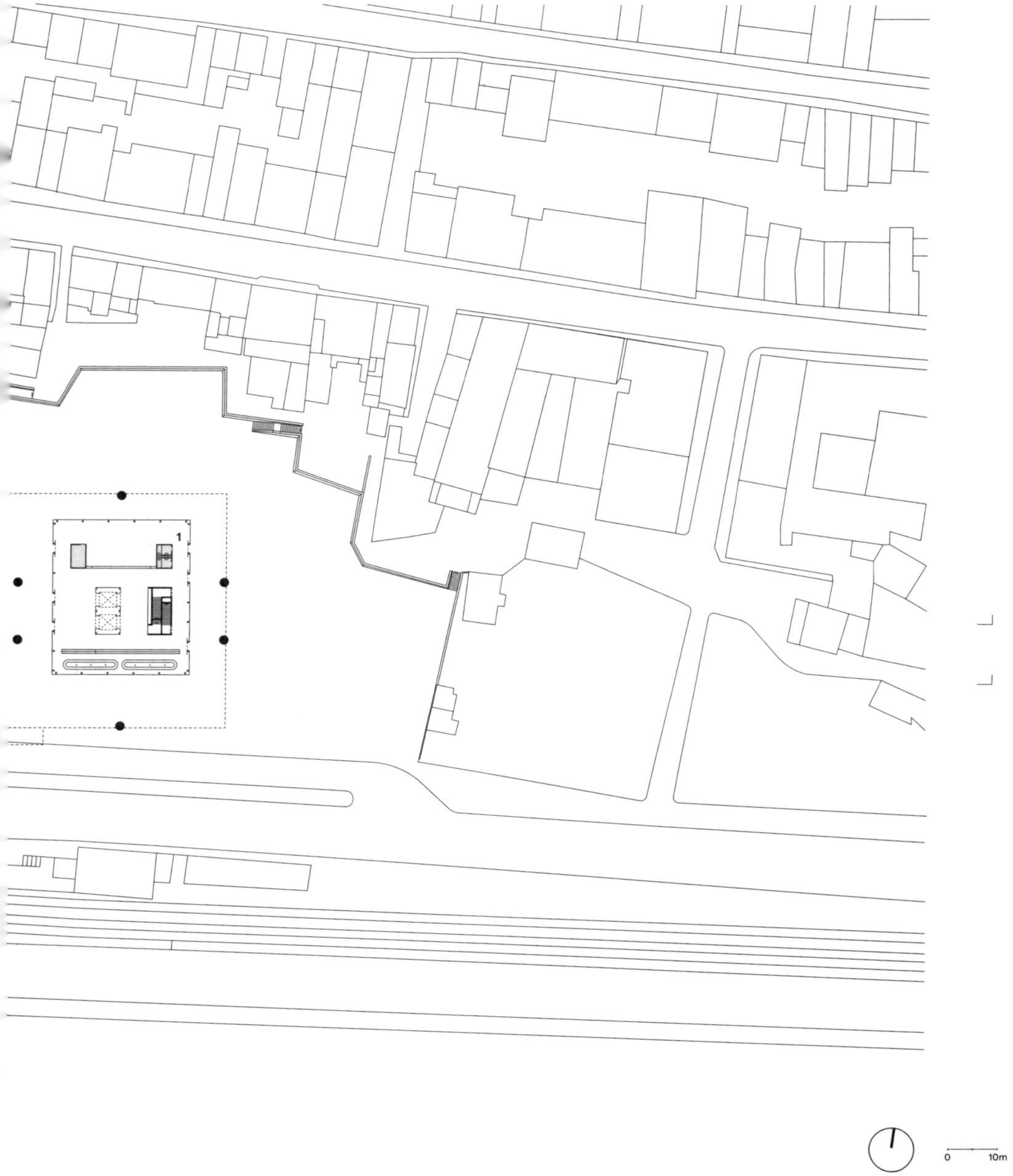

[7]. vazio sobre Exposição permanente / empty over Permanent exhibition
[8]. vazio sobre Exposição temporária / empty over Temporary exhibition
10. Sala pedagógica / Educational services room
11. Pátio técnico / Technical terrace
12. Central de vigilância / Surveillance centre
13. Administração / Administration
14. Biblioteca / Library
[15]. vazio sobre Espelho de água / empty over Water mirror
16. Restaurante / Restaurant

Edition published by MONADE
© 2015 Monade: Daniela Sá and João Carmo Simões for edition
and book concept
© 2015 João Carmo Simões for the photographic essay
© 2015 Gonçalo M. Tavares, Ana Vaz Milheiro, Paulo Mendes
da Rocha, Daniela Sá and João Carmo Simões for the texts

First edition

Translation to English by Mick Greer and Graça Margarido
Proofreading by Daniela Sá
Printed by Guide in Lisbon, Portugal

Our gratitude to Paulo Mendes da Rocha, the authors,
Silvana Bessone, Rui Furtado, Bak Gordon arquitectos, Nuno Costa,
João Machado, Kris Kimpe, Luis Cabaço Martins

Photographed in 2013 and 2015 (pedestrian walkway not yet built).
This book contains a fold-out poster with technical drawings.

Partnerships
Faculdade de Arquitectura da Universidade do Porto
Darq Universidade de Coimbra
Dau ISCTE – Instituto Universitário de Lisboa
Ordem dos Arquitectos

This book has been made possible through the kind support of

Dep. Legal 401030/15
ISBN 978 989 99485 0 1

www.monadebooks.com